U0316397

课堂实录

安雪梅 / 编著

中文版 Photoshop CC
课堂实录

清华大学出版社

北　京

内容简介

本书以课程的形式将Photoshop主要工具和主要功能的使用以及一些必备知识进行总结，并配合多个设计实例进行讲解。实例包括广告设计、DM、宣传折页、书籍装帧、UI设计、海报设计、版面设计、播放器界面设计等。

本书可作为大、中专院校及各类Photoshop培训班的培训教材，也适用于从事平面广告、印前设计、出版包装等多领域制作人员学习。

图书在版编目(CIP)数据

中文版Photoshop CC课堂实录 / 安雪梅编著. —北京：清华大学出版社，2015
（课堂实录）
ISBN 978-7-302-38480-9

Ⅰ．①中… Ⅱ．①安… Ⅲ．①图像处理软件 Ⅳ．①TP391.41

中国版本图书馆CIP数据核字(2014)第260923号

责任编辑：陈绿春
封面设计：潘国文
责任校对：徐俊伟
责任印制：沈　露

出版发行：清华大学出版社
　　　　网　　　址：http://www.tup.com.cn，http://www.wqbook.com
　　　　地　　　址：北京清华大学学研大厦A座　　　　　　邮　　编：100084
　　　　社 总 机：010-62770175　　　　　　　　　　　　邮　　购：010-62786544
　　　　投稿与读者服务：010-62776969，c-service@tup.tsinghua.edu.cn
　　　　质 量 反 馈：010-62772015，zhiliang@tup.tsinghua.edu.cn
印 刷 者：北京鑫丰华彩印有限公司
装 订 者：三河市新茂装订有限公司
经　　销：全国新华书店
开　　本：188mm×260mm　　　印　张：19.5　　　　字　数：537千字
　　　　　（附DVD1张）
版　　次：2015年6月第1版　　　印　次：2015年6月第1次印刷
印　　数：1～3500
定　　价：49.00元

产品编号：054362-01

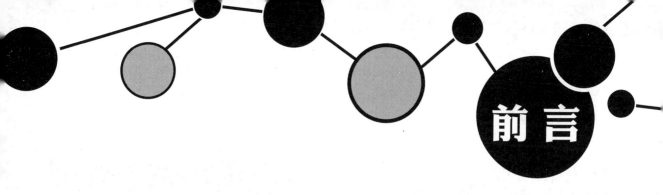

前 言

近年来，平面广告无处不在，致使平面设计成为热门职业之一。这样从事平面设计的人员之间的竞争就愈演愈烈，即将跨入或已经从事平面设计的人员都急需提升自己的职业竞争力。Adobe公司的Photoshop是平面设计的"利器"，升级后的Photoshop CC功能更为强大，被广泛应用于装帧设计、广告设计、包装设计、网页设计等领域。它可以完成设计领域中绝大部分的创意表现工作，是平面设计人员必学的软件。

本书力求具备以下特色

实用性

本书每课以基础知识讲解、实例应用、课后练习三个部分讲解Photoshop CC的应用，全书由浅入深。读者完整地阅读本书并按实例实际上机操作后就能基本步入平面设计制作领域，并具有一定的创意。

针对性

Photoshop CC具有相当丰富的功能，但我们没必要对它的全部功能了如指掌，只需在应用的需求上做到重点和难点突出，能解决实际问题即可。本书主要针对平面设计来讲解Photoshop CC的使用，使整个学习过程有的放矢。

专业性

本书对平面设计行业必备的知识和图像的输入与输出技术进行了详细的讲解，从而使读者具备较高的行业理论水平。

本书内容

全书共分13课，内容安排如下：前12课以"实例为主，基础为辅"的原则讲解Photoshop CC的应用。最后一课主要通过实例综合讲解Photoshop CC的应用。

本书语言简洁，实例丰富，完全按照平面设计制作流程进行编写，尤其适合对平面设计行业充满憧憬但却有些不知所措的初学者。

本书是笔者从业几年的一点经验之谈，在写作过程中力求严谨，但由于水平有限且时间仓促，书中难免存在错误和纰漏，希望读者予以批评指正，如果在学习过程中有任何意见或者建议，都可以通过xzhd2008@163.com和我们联系。

作　者

目录

第6课 通道功能的展现

第7课 蒙版完全攻略

第8课 路径的使用

第9课 滤镜艺术魔法

第10课　文字的秘密

第11课　动作和样式面板

第12课　图像的输入与输出

第13课　特效实例

第1课
Photoshop CC的基本操作

本课将介绍Photoshop的基础操作，这是使用和深入学习此软件的必经之路，只有通过基础操作对Photoshop有了简单的了解之后，才能进一步学习Photoshop软件。

1.1 基础知识讲解

1.1.1 新建和打开图像文件

新建文件

要创新的图像文件，执行菜单"文件"/"新建"命令或按快捷键【Ctrl+N】，弹出"新建"对话框，如图1-1所示。可以在"新建"对话框中进行各项设置，各选项设置如下。设置好参数后，单击"确定"按钮或直接按下【Enter】键，即可建立一个新文件，可以在新文件中绘制各种图形或输入文字来实现不同的艺术效果。

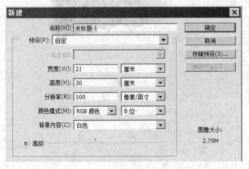

图1-1

> **提示**
>
> 分辨率是决定输出质量很重要的因素，分辨率越高，图像就越清晰，相应的图像文件也越大。图像的分辨率可以根据情况设定，若用于屏幕上显示图像，分辨率设为72像素即可；若用于打印，分辨率设为150像素；若要用于印刷，分辨率不得低于300像素。

打开文件

执行菜单"文件"/"打开"命令，或按快捷键【Ctrl+O】，也可以双击Photoshop CC桌面，弹出"打开"对话框，如图1-2所示。

在"查找范围"下拉列表中，选择查找图像存放的位置，也就是所在驱动器或文件夹。

在"文件类型"下拉列表中选择要打开的图像文件格式，如果选择"所有格式"选项，那么所有格式的文件都将会显示在对话框中。

选中要打开的图像并双击，或单击"打开"按钮，即可打开图像。

> **提示**
>
> 如果要一次打开多个图像，可以单击第一个文件，然后按住Shift键，再单击要打开的最后一个文件，这样可以选中多个连续的文件。如果要打开多个不连续的文件，按住Ctrl键，单击要打开的文件即可。

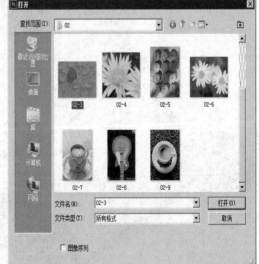

图1-2

1.1.2 Bridge文件浏览器使用

使用"Bridge文件浏览器"查找文件，可以直接看到文件缩览图，便于更直观、快捷地打开图像。执行菜单"文件"/"浏览"命令或按【Alt+Ctrl+O】组合键，打开文件浏览器，如图1-3所示。

在浏览器窗口的左上角，可以查找到要打开的图片所在的位置，图片缩览图会出现在右侧的预览窗口中。

双击要打开的图片，或直接将图片拖动到Photoshop CC桌面上即可将文件打开。

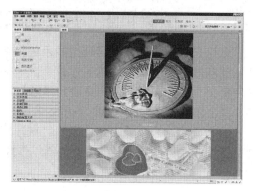

图1-3

▊1.1.3　保存和关闭图像文件

处理和编辑完的图像要及时进行保存，以便以后使用。

保存新图像

如果要保存的图像是一幅新图像并一直没有保存过，可以选择菜单"文件"/"存储"命令或按快捷键【Ctrl+S】，打开"存储为"对话框，如图1-4所示。

Photoshop所支持的图像格式有多种，可以根据不同的需要将文件存储为不同的格式，在对话框中设置文件要保存的位置、文件名，然后在"格式"下拉列表中选择需要的图像格式。设置好后，单击"保存"按钮即可。

保存文件时，如果在保存的位置已有此文件名的文件，那么会弹出一个提示对话框，询问是否替换原文件，如图1-5所示。

关闭图像

处理好的图像进行保存后，可以将其关闭。关闭一幅图像有下列几种方法。

方法1：双击图像窗口标题栏左侧的"控制窗口"图标 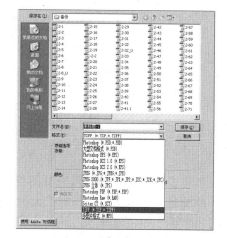。

图1-4

图1-5

方法2：单击图像窗口标题栏右侧的"关闭"按钮 ✕。

方法3：选择菜单"文件"/"关闭"命令或按快捷键【Ctrl+W】。

方法4：按【Ctrl+F4】快捷键。

上述方法均可关闭当前活动的图像窗口。若用户打开了多个窗口，想把它们全部关闭，可选择菜单"文件"/"全部关闭"命令，或按快捷组合键【Alt+Ctrl+W】即可。

执行"文件"/"最近打开的文件"命令，在弹出的子菜单中显示最近在工作区中打开过的图像文件，单击需要打开的图像文件，选中的文件将在工作区中打开。

▊1.1.4　打开最近使用的图像文件

图像大小和图像分辨率之间有着密切的关系。图像分辨率越高，所包含的像素越多，图像的信息量就越大，视觉效果相对就越清晰，文件也就越大。

1.1.5 图像和画布尺寸的调整

　　无论是打印输出还是屏幕上显示的图像，制作时都需设置图像的尺寸和分辨率，这样才能节省硬盘或内存空间并提高工作效率。一幅图像质量的好坏，主要与图像的尺寸大小和分辨率紧密相关。分辨率越高，图像就越清晰，反之则模糊。选择菜单"图像"/"图像大小"命令，将会弹出图1-6所示的对话框。

　　画布是绘制和编辑图像的工作区域，即图像显示区域。调整画布大小可以在图像四边增加空白区域，或裁掉不需要的图像边缘。选择"图像"/"画布大小"命令，将弹出图1-7所示的对话框。

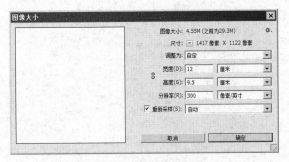

图1-6

图1-7

　　在"定位"选项组中，可以对图像在窗口中的位置进行设置，在这9个格子中单击任意一个，图像都会以它为中心向四周扩大图像的空白区域，在"新建大小"的选项组中，可显示调整后的"宽度"和"高度"，设置的值大于原图像时就会在原图的基础上增加画布区域；反之则缩小。下面以中间的格子为例，向四周进行画布的扩大，扩大的尺寸为1cm，图1-8为原始图像，图1-9为扩大画布后的图像。

图1-8

图1-9

1.1.6 工具箱和工具属性栏的使用

　　Photoshop CC包含了40余种工具，其中包括选择工具、填充工具、编辑工具、绘图工具、颜色选择工具、快速蒙版工具等，如图1-10所示。使用这些工具，只要单击工具图标或者按下工具组合键即可。在工具箱中，有的工具的右下方有一个小三角，表示在该工具中还有隐藏的工具。Photoshop CC最大的改变是工具箱变成可伸缩的，可为长单条和短双条。

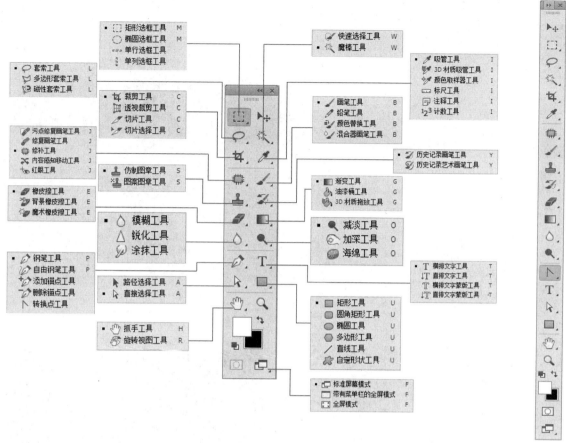

图1-10

选择工具箱中的工具有如下两种方法。

方法1：用鼠标左键按住有黑色小三角的工具图标不放，将弹出隐藏的工具选项，将鼠标指针移到想要的工具箱上，单击即可选择该工具；或者右击图标打开一个菜单，然后移动鼠标选取即可，如图1-11所示。

方法2：按住Alt键，反复单击一个有隐藏工具的图标，可在此图标下的多个工具之间进行切换，如图1-12所示。

选择工具箱中的工具后，将在Photoshop CC中出现该工具的属性栏。例如，选择工具箱中的"魔棒工具"，将出现魔棒工具的工具属性栏，如图1-13所示。

图1-11　　　　　　　　　　　图1-12

图1-13

1.1.7 切换屏幕显示模式

Photoshop CC提供了3种不同的屏幕显示模式，分别是标准屏幕模式、最大化屏幕模式、带有菜单栏的全屏模式和全屏模式，如图1-14所示。

单击"标准屏幕模式"按钮，可以切换为标准屏幕模式显示窗口，如图1-15所示；单击工具箱中的"带有菜单栏的全屏模式"按钮，可切换到全屏幕显示模式，如图1-16所示；单击

"全屏模式"按钮，可以切换到黑色全屏模式，如图1-17所示，该模式便于更好地观察图像效果，并会隐藏菜单栏。

图1-14

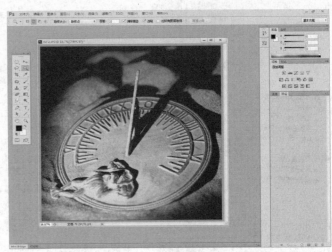

图1-15

图1-16

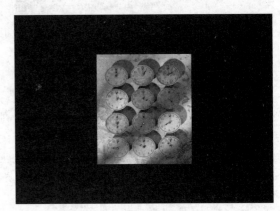

图1-17

提示

　利用一些快捷键，可以切换屏幕显示模式，连续按下F键可以在4种屏幕模式之间进行切换；按住Tab键或Shift+Tab快捷键，可以显示或隐藏工具箱、控制面板和属性栏，方便用户在编辑过程中查看整体效果。

1.1.8 控制面板

　控制面板是Photoshop处理图像时另一个不可缺少的部分。它可以完成各种图像处理操作和工具参数设置。Photoshop CC界面提供了多个控制面板，它们分别被放在不同的控制面板窗口中，选择控制面板窗口中的选项，可以分别打开不同的控制面板。

01 "导航器"面板：用于显示图像的缩览图，可用来缩放比例，迅速移动图像显示内容。

　"导航器"控制面板可以帮助我们快速预览图像，并显示图像的缩图，可用来缩放显示比例，迅速移动图像显示内容，红色区域内为图像窗口显示内容。选择"窗口"/"导航器"命令，如图1-18所示。

02 "信息"面板：用于显示鼠标指针当前位置像素的色彩数值及鼠标指针当前位置的坐标值。当图像选取范围或图像旋转变形时，会显示出所选取的范围大小和旋转角度等信息。

选择"窗口"/"信息"命令，可以显示"信息"控制面板，"信息"控制面板还可以搭配其他工具同时使用，如图1-19所示。

图1-18

03 "颜色"面板：用于选取或设置颜色，便于工具绘图和填充等操作。

"颜色"控制面板用来选择或设置所需要的颜色，以便用于工具绘图和填充等操作。要调出"颜色"控制面板，只要选择"窗口"/"颜色"命令，如图1-20所示。

04 "色板"面板：用于选择颜色，功能和"颜色"面板相似。"色板"控制面板可以快速地点取前景色或背景色，或将常用的颜色存到色板内以便日后使用，选择菜单中的"窗口"/"色板"命令，即可显示或隐藏"色板"控制面板，如图1-21所示。

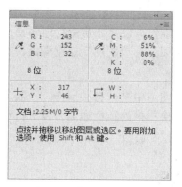

图1-19

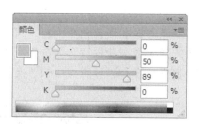

图1-20

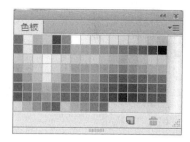

图1-21

05 "字符"面板：可用于控制文字的字符格式，对文字加以格式化，包含设置字体、字符大小、字符间距、行距及字符基线微调等文字字符的格式。选择"窗口"/"字符"命令，即可调用"字符"控制面板。同时，也可以在选中文字后，单击工具选项栏中的 按钮来显示"字符"控制面板，如图1-22所示。

06 "段落"面板：可用来对文字段落加以格式化，包含设置段落对齐、段落缩排、段落间距、定位点等。要调出"段落"控制面板，选择"窗口"/"段落"命令，如图1-23所示。

图1-22

图1-23

07 直方图：控制面板提供了很多用来查看与图像有关的色调和颜色信息的选项。默认情况下，直方图显示整个图像的色调范围。若想显示图像某部分的直方图数据，首先应选择该部分，如图1-24所示。

08 "样式"面板：用于将预设的效果应用到图像中。"样式"控制面板可用来快速定义图形的各种属性，它的功能酷似文字的样式，而且相当适合在网页元素设计的场合下，制作按钮或是标题文字之类。样式可以包含填色或是图层的各式新增特效等，要调出"样式"控制面板，只需选择"窗口"/"样式"命令即可，如图1-25所示。

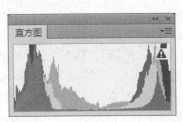

图1-24

图1-25

09 "图层"面板：用于控制图层的操作，可以进行新建层或合并层等操作。使用图层就可以轻易地修改、编辑每一层上的图像。选择"窗口"/"图层"命令，就可以显示"图层"控制面板，如图1-26所示。

10 "通道"面板：用于记录图像的颜色数据和保存蒙版内容，可以在通道中进行各种操作。"通道"控制面板可以用来记录图像的颜色数据和保存选区，并可以切换图像的颜色通道，以进行各通道的编辑，选择"窗口"/"通道"命令，就可以显示"通道"控制面板，如图1-27所示。

图1-26

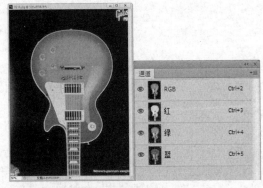

图1-27

11 "路径"面板：用于建立矢量式的图像路径，可以存储描绘的路径，并可将路径应用在填色描边或将路径变为选区等操作中。"路径"控制面板可以存储向量路径类工具所描绘的贝兹曲线路径，并可以将路径应用在填色、描边或将路径转变为选区等不同用途。选择"窗口"/"路径"命令，就可以显示"路径"控制面板，如图1-28所示。

图1-28

12 "仿制源"面板：即"克隆源"面板，是和仿制图章配合使用的，允许定义多个克隆源（采样点），就好像Word有多个剪贴板内容一样。另外克隆源可以进行重叠预览，提供具体的采样坐标，可以对克隆源进行移位缩放、旋转、混合等编辑操作。克隆源可以是针对一个图层，也可以是上下两个，也可以是所有图层，这比之前的版本多了一种模式，如图1-29所示。

图1-29

上述这些控制面板都在菜单窗口下，在需要时打开，以便进行图像处理操作；而在不需要时可以将其隐藏，以免因控制面板遮住图像而给图像处理带来不便。

> 按下Shift+Tab快捷键可以显示或隐藏所有的控制面板，以便用最大的屏幕空间来进行图像处理。

13 "动作"面板：用于设置录制一连串的编辑操作，以实现操作自动化。通过多次自动执行这个操作来执行一些烦琐而重复的工作。选择"窗口"/"动作"命令，可以显示或隐藏"动作"面板，如图1-30所示。

14 图层复合：是对"图层"面板某一状态的快照。图层复合记录了3种类型的图层选项："可视性"表示图层面板中的某个图层是显示还是隐藏；文档中的图层"位置"、"外观"表示该图层是否应用了图层样式。

通过改变文档中的图层及更新图层复合面板中的合成，可以创建图层组合。将其应用到文档中就可以查看合成效果。选择菜单"窗口"/"图层复合"命令，显示该面板，如图1-31所示。

图1-30

图1-31

> 使用"图层复合"功能，可以在单个Photoshop或ImageReady文件中创建、管理并查看一个版面的多个版本。图层复合功能在Photoshop和ImageReady之间可以完全互换。ImageReady只能读取RGB文件，所以在Photoshop中要特别留意由其他色彩模式如CMYK、Lab等转换而来的RGB文件，这在测试图层组合功能时非常重要。

1.1.9 历史记录

历史记录可以恢复到操作过程中的任意一步状态，对图像处理的每一步操作，在"历史记录"面板中都会自动记录下来。

"历史记录"面板

选择"窗口"/"历史记录"命令，就会弹出"历史记录"控制面板。它是用来记录工作中的操作步骤，并帮助恢复到操作过程中的任意一步状态。对图像每进行一步操作，在"历史记录"面板中就会新增加一个状态，每一个状态的命名以所使用的工具或命令来表示。在一般默认的情况下，可以记录20步最近的操作，如果超过20步，它会自动删除最前面的操作步骤。在"历史记录"控制面板底部有3个控制图标，为"从当前状态创建新文档"按钮 、"创建新快照"按钮 、"删除当前状态" 按钮，如图1-32所示。

图1-32

1.2 实例应用：

光盘
01\实例应用\手游广告设计.PSD

「手游广告设计」

实例目标

手游广告设计一共三部分。第一部分是背景制作，第二部分是添加主体画面图像，第三部分是添加文字信息。

技术分析

在制作背景过程中使用画笔绘制颜色结合图层混合模式可以为背景局部调色；使用了"添加图层样式"为文字增加立体感和渐变的彩色效果。

制作步骤

01 新建文件。执行菜单"文件"/"新建"命令（或按【Ctrl+N】快捷键），设置弹出的"新建"命令对话框，单击"确定"按钮即可创建一个新的空白文档，效果如图1-33所示。

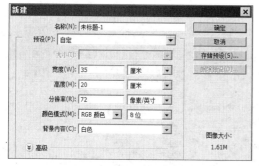

图1-33

02 打开随书光盘素材中的"素材1"文件，使用"移动工具" ，将图像拖动到第一步新建的文件中，生成"图层1"，按【Ctrl+T】快捷键，跳出自由变换控制框，缩小选框得到如图1-34所示状态，按【Enter】键确认操作。

图1-34

03 打开随书光盘素材中的"素材2"文件，使用"移动工具" ，将图像拖动到第一步新建的文件中，生成"云朵"，按【Ctrl+T】快捷键，跳出自由变换控制框，缩小选框得到如图1-35所示状态，按【Enter】键确认操作。

图1-35

04 新建一个图层得到"图层2"，选择"画笔工具" ，设置适当的画笔大小和透明度后，在"图层2"的左上方中进行涂抹，设置图层模式为"线性减淡"，其图层状态如图1-36所示。

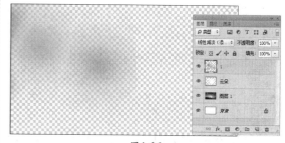

图1-36

05 打开随书光盘素材中的"素材3"文件，使用"移动工具" ，将图像拖动到第一步新建的文件中，生成"组12"图层，按【Ctrl+T】快捷键，调出自由变换控制框，缩小选框得到如图1-37所示状态，按【Enter】键确认操作。

图1-37

06 打开随书光盘素材中的"素材4"文件，使用"移动工具" ，将图像拖动到第一步新建的文件中，生成"图层14"，此素材为"手游"Logo图标，将其拖动至"组12"图层中，按【Ctrl+T】快捷键，调出自由变换控制框，缩小选框得到如图1-38所示状态，按【Enter】键确认操作。

图1-38

07 打开随书光盘素材中的"素材5"文件,使用"移动工具" ▶+,将图像拖动到第一步新建的文件中,生成"组14"图层,此素材为游戏人物图层,按【Ctrl+T】快捷键,跳出自由变换控制框,缩小选框得到如图1-39所示状态,按【Enter】键确认操作。

图1-39

08 单击"图层"面板下方的"创建新的填充或调整图层"按钮 ,在弹出对话框中选择"色相/饱和度"命令,然后在弹出的对话框中设置合适的参数,得到"色相/饱和度1"图层,如图1-40所示。

图1-40

09 单击"图层"面板下方的"创建新的填充或调整图层"按钮 ,在弹出对话框中选择"亮度/对比度"命令,然后在弹出的对话框中设置合适的参数,得到"亮度/对比度1"图层,如图1-41所示。

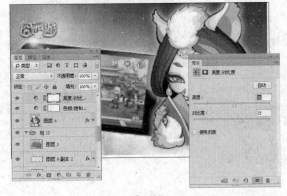

图1-41

10 打开随书光盘素材中的"素材6"文件,使用"移动工具" ▶+,将图像拖动到第一步新建的文件中,生成"组4副本3"、"组4副本4"、"组4副本4(合并)"、"组4副本4(合并)副本"、"图层24副本4"、"图层5",按【Ctrl+T】快捷键,跳出自由变换控制框,缩小选框并放置合适的位置得到如图1-42所示状态,按【Enter】键确认操作。

图1-42

11 选中"图层24副本4",单击"图层"面板下方的"添加图层样式"按钮 fx,设置"外发光",再单击"添加图层蒙版" 按钮,隐藏不需要的部分,设置效果如图1-43所示。

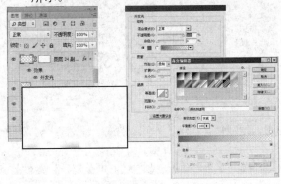

图1-43

12 选中"图层24副本4",将其拖动到"创建新图层"按钮 上,得到"图层24副本5",选中该图层,单击"图层"面板下方的"添加图层蒙版式"按钮 ,以藏不需要的部分,设置效果如图1-44所示。

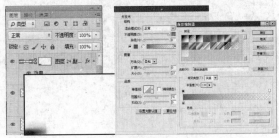

图1-44

13 使用"横排文字工具" T，设置适当的字体和字符，在画面下方输入文字，图层效果如图1-45所示。

图1-45

14 单击"添加图层样式"按钮 fx，在弹出的菜单中选择要变化的效果命令，设置参数和最终效果如图1-46所示。

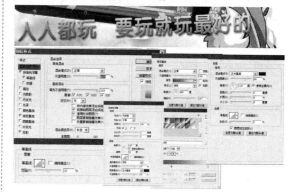

图1-46

1.3 拓展训练：音响广告设计

在这则广告实例中，主要介绍了特殊背景的运用及与涂鸦效果文字的完美结合，画面色彩丰富具有活力。本实例还介绍了一些机理的制作，主要使用了"文字工具"、"添加图层样式"、"添加图层蒙版"等命令。

01 执行菜单"文件"|"新建"命令（或按【Ctrl+N】快捷键），设置弹出的"新建"命令对话框，单击"确定"按钮即可创建一个新的空白文档。如图1-47所示。

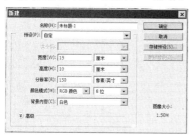

图1-47

02 打开随书光盘中的"01/拓展训练/素材 1"图像文件，使用"移动工具" ，将其拖动到第一步新建的文件中，得到"图层1"，按快捷键【Ctrl+T】调整图像到如图1-48所示状态，按【Enter】键确定。

图1-48

03 单击"图层"面板下方的"创建新的填充或调整图层"按钮 ，在弹出的菜单中选择"色彩平衡"命令，设置完"色彩平衡"命令的参数后，得到图层"色彩平衡1"，此时的效果如图1-49所示。

图1-49

04 单击"图层"面板下方的"创建新的填充或调整图层"按钮 ，在弹出的菜单中选择"色相/饱和度"命令，设置完"色相/饱和度"命令的参数后，得到图层"色相/饱和度1"，此时的效果如图1-50所示。

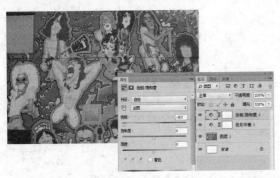

图1-50

05 设置前景色值为：7f6401，使用工具栏中的"渐变"按钮 ▣，在工具选项栏中设置"渐变编辑器"中的参数图像效果和"图层"面板，设置图层的混合模式为"颜色加深"，不透明度为50%，如图1-51所示。

图1-51

06 将"图层2"拉到"图层"面板下面的"创建新图层"按钮 ▣，复制"图层2"，得到"图层2副本"，按快捷键件【Ctrl+T】，调出自由变换控制框，单击右键得到菜单栏，选择"垂直翻转"命令并调整位置移到画布上方，得到效果图如图1-52所示。

图1-52

07 打开"素材5"，分别依次拖入新建的文件中，得到"图层3"至"图层7"，调整"图层3"的位置并设置图层的混合模式为"线性光"，得到效果图和"图层"面板效果如图1-53所示。

图1-53

08 调整"图层4"的位置并设置图层的混合模式为"正片叠底"，得到的效果图和"图层"面板效果如图1-54所示。

图1-54

09 调整"图层5"的位置，并设置图层的混合模式为"强光"，得到的效果图和"图层"面板效果如图1-55所示。

图1-55

10 调整"图层6"的位置，并设置图层的混合模式为"正片叠底"，得到的效果图和"图层"面板效果如图1-56所示。

图1-56

11 调整"图层7"的位置，并设置图层的混合模式为"线性光"，得到的效果图和"图层"面板效果如图1-57所示。

图1-57

12 打开素材1，使用"移动工具" ，将图像拖动到第一步新建的文件中，得到"图层8"，设置图层混合模式为"实色混合"，得到的图像效果和"图层"面板如图1-58所示。

图1-58

13 打开素材2，使用"移动工具" ，将图像拖动到第一步新建的文件中，得到"图层9"，按快捷键【Ctrl+T】，调出自由变换控制框，变换图像到如图1-59所示的状态，按【Enter】键确认操作。

图1-59

14 选择"图层9"，拖至"图层"面板下面菜单栏中的"创建新图层"按钮上复制，得到"图层9副本"，效果如图1-60所示。

图1-60

15 在"图层9"的基础上单击"添加图层样式"按钮 ，在弹出的菜单中选择"外发光"命令，设置完"外发光"命令对话框后，单击"确定"按钮，此时音响效果就从背景中突显出来，效果如图1-61所示。

图1-61

16 打开"素材3"，使用"移动工具" ，将其拖动到第一步新建的文件中，得到"图层10"、"图层11"，单击"添加图层样式"按钮 ，在弹出的菜单中选择"外发光"和"投影"命令，设置完"外发光"和

"投影"命令对话框后，单击"确定"按钮，设置参数如图1-62所示。

17 最终效果。继续使用"横排文字工具" **T** ，设置适当的字体和字号，在图像中输入文字信息，得到相应的文字图层，如图1-63所示。

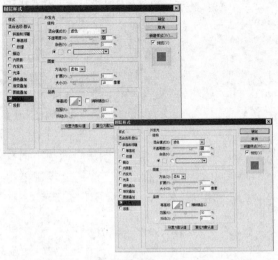

图1-62

图1-63

1.4 课后练习

一、选择题

1. 如果要一次打开多个图像，可以单击第一个文件，然后按住（　）键，再单击要打开的最后一个文件，这样可以选中多个连续的文件。

   A．Shift   B．Ctrl+A   C．Ctrl+N   D．Alt

2. 若用户打开了诸多窗口，想把它们全部关闭，可选择菜单"文件"／"全部关闭"命令，或按快捷键（　）即可。

   A．Ctrl+O   B．Alt+Ctrl+W   C．Shift   D．Ctrl+W

3. 利用一些快捷键，可以切换屏幕显示模式，连续按下（　）键可以在4种屏幕模式之间进行切换。

   A．Tab   B．Alt   C．Shift   D．F

4. 按住Tab键或（　）快捷键，可以显示或隐藏工具箱、控制面板和属性栏，方便用户在编辑过程中查看整体效果。

   A．Ctrl+W   B．Alt   C．Shift   D．Shift+Tab

二、问答题

1. Photoshop CC提供了3种不同的屏幕显示模式，分别是哪3种？

2. 打开图像文件的方法有几种？

第2课
基本工具的使用

　　本课主要讲解"选择工具"和"绘图工具"的使用。"选择工具"主要介绍了"选框工具"、"快速选择工具"的使用。"绘图工具"主要介绍了"画笔工具"、"图章工具"、"橡皮擦工具"和"形状工具"的使用。

2.1 基础知识讲解

2.1.1 选择工具的使用

建立选区是基础又频繁的操作，各种选择工具的使用熟练程度影响着工作的效率和质量。Photoshop中提供了十几种选择工具，可以根据各种情况使用不同的选择工具达到既快速又准确地建立选区的目的。这里简单介绍3种选择工具的使用。

"选框工具"的使用

"选框工具"为规则选取工具是最基本、最常用的方法。在此工具中有4种选取的方法：矩形、椭圆、单行、单列，系统默认的是"矩形选框工具"，在操作中可以根据需要来选取不同的方式，这4种方法所选取的范围效果，如图2-1所示。

图2-1

提示

当画面中存在选区时，按下【Shift】键不放使用"选择工具"是可加入新选择区域；按下【Alt】键不放使用"选择工具"是可减去新选择区域；按下【Shift＋Alt】键不放使用"选择工具"是与原选区交叉。当画面中不存在选区时，按下【Shift】键不放使用"选择工具"是沿着起始点画正圆或正方形；按下【Alt】键不放使用"选择工具"是沿着中心点画正圆或正方形。

"套索工具"的使用

"套索工具"是一种常用的范围选取工具，🔾"套索工具"、🔾"多边形套索工具"及🔾"磁性套索工具"是"套索工具"含有的3种选取形式。这3种套索工具主要用于一些不规则形状及任意形状区域的选取。这3种工具在一张图片所选取的范围效果，如图2-2～图2-5所示。

图2-2

提示

用"套索工具"🔾操作时，如果想让曲线逐渐变直，可以按住鼠标左键但最好在不拖曳的同时按住【Delete】键。

图2-3

提示

使用"多边形套索工具"时，如果选取线段的终点没有回到起点，只要双击鼠标就会自动链接终点和起点，成为一个封闭的选取范围。在用"多边形套索工具"选取时，如按一下【Delete】键，可以删除上一步选取的线段，当想删除所有线段时，只要按住【Delete】键不放即可；如按住【Shift】键，可以按水平、垂直或45°角的方向来选取线段。

图2-4

图2-5

提示

使用"磁性套索工具"可以很准确地沿着网格线和参考线进行范围选取，若在选取时按下【Esc】键或【Ctrl+.】组合键，可以取消当前的选取范围。在选取的过程中，有时候图像区域的边缘线既有曲线又有直线，因此需要进行工具的切换，最方便的方法就是通过键盘来实现，可以按住【Alt】键来进行"多边形套索工具"与"磁性套索工具"之间的切换。单击鼠标时，切换为"多边形套索工具"；拖曳鼠标时，切换为"套索工具"。

"快速选择工具"的使用

"快速选择工具" ，是Photoshop CC新增的功能之一，是魔术棒的快捷版本，可以不用任何快捷键进行加选，按住不放可以像绘画一样选择区域，非常神奇。当然选项栏也有新、加、减3种模式可选，快速选择颜色差异大的图像会非常直观、快捷，应用时用画笔的大小调节选区的范围。图2-6即为"快速选择工具"选项栏。

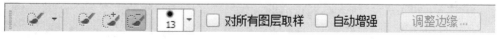

图2-6

调整边缘：是Photoshop CC在所有的选择工具中新增的一项功能，在调整边缘时可以调整选区的半径，对比度，羽化等，可以对选区进行收缩和扩充。另外还有多种显示模式可选，例如快速蒙版模式和蒙版模式等，非常方便。举例来说，如果做了一个简单的羽化，则可以直接预览和调整不同羽化值的效果。应用如图2-7所示。

| "快速选择工具"
选取范围 | 应用调整边缘之前在
黑色背景下预览效果 | "调整边缘"面板 | 应用调整边缘之后在黑色
背景下预览效果 |

图2-7

2.1.2 绘图工具的使用

"画笔工具"和"铅笔工具"的使用

在使用"画笔工具"或其他绘图工具时,必须先在选项栏中进行设置,在这些绘图工具选项栏中,有许多相同的特征及参数设置,以"画笔工具"和"铅笔工具"为例,如图2-8、图2-9所示。

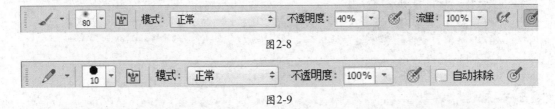

图2-8

图2-9

在"画笔"控制面板中,可以根据需要随意编辑画笔的样式。通过设置画笔的动态形状、散布、纹理、双重画笔、动态颜色和其他动态等参数选项,使画笔具有各种不同的绘制效果。

在需要编辑画笔时,可以直接单击工具选项栏右侧的"切换画笔面板"按钮,或执行"窗口"/"画笔"命令,打开"画笔"控制面板,铅笔工具的编辑方式与之相同,如图2-10、图2-11所示。

图2-10

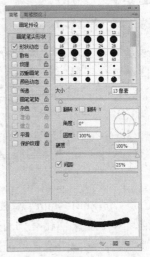

图2-11

"铅笔工具"和"画笔工具"的操作方式也相似。"画笔工具"可以在图像上绘出柔边画笔的笔触，原理和实际中的水彩笔或毛笔的笔触相似，如图2-12所示。"铅笔工具"可以在图像上绘出硬边画笔的笔触，和实际中的铅笔相似，画出的曲线是硬直的、有棱角的，如图2-13所示。

图2-12　　　　　　图2-13

"图章工具"的使用

可以使用"图章工具"，对图像细微部分进行修整，可以用来修复和修饰图像，是图像合成时不可缺少的工具。

"仿制图章工具"是一种具有特殊功能的工具，与复制、粘贴不同，它能通过单击并拖动鼠标在目标区域中确定要关联复制的内容，并且可以把关联复制的内容与目标区域原有的图像完美地结合在一起。按下【Shift+S】快捷键可以快速启动"仿制图章工具"，图2-14所示是"仿制图章工具"选项栏。

图2-14

应用"仿制图章工具"的具体操作步骤如下。

01 打开一幅图像，选取"仿制图章工具"。

02 把鼠标指针移到数字旁边的区域，按住【Alt】键取样，如图2-15所示。

03 设置取样点小心地涂抹污渍的地方，注意需要反复地设置取样点，取样点的位置尽量离数字近些，以免颜色差异太大，如图2-16所示。

04 在经过一系列小心的修复后，最终得到图2-17所示的效果。

图2-15　　　　　　图2-16　　　　　　图2-17

"图案图章工具"也是用来复制图像的。不同的是"图案图章工具"的仿制来源是图案，所以"图案图章工具"不像"仿制图章工具"一样得先以【Alt】键来定义起点，它只需要选择菜单"编辑"/"定义图案"命令来确定仿制的图案来源，但图案一次仅能暂存一份资料。当定义两个以上的图案时，"图案图章工具"会以最新的图案作为仿制来源，具体操作步骤如下。

01 打开一个图像文件，使用工具箱中的"裁切工具" ，将要定义图案的部分选中，如图2-18所示。按【Enter】键后如图2-19所示。

图2-18　　　　图2-19

02 执行"编辑"/"定义图案"命令，弹出"图案名称"对话框，如图2-20所示，在"名称"栏内输入图案名称，单击"确定"按钮即可。

03 选择工具箱中的"图案图章工具" ，并在工具选项栏的"图案"下拉列表中选取新定义的图案，然后在要复制的图像中来回拖动鼠标即可完成复制，效果如图2-21所示。

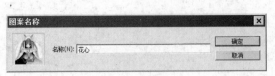

图2-20

图2-21

"橡皮擦工具"的使用

橡皮擦工具组中有3种擦除方式："橡皮擦工具"、"背景橡皮擦工具"和"魔术橡皮擦工具"。

"橡皮擦工具" 在普通层上擦除后，擦除的部分变为透明，如在背景层上擦除后，擦除的部分会显示出当前的背景色。

"背景橡皮擦工具" 比"橡皮擦工具"更精确，可以指定擦除某种颜色，通过设置颜色容差值来控制所擦除颜色的范围。值越大擦除的颜色范围就越大，反之则越小。还可以设置取样颜色的方式，其中有3种方式可供选择："一次"、"连续"和"背景色板"。

★　**一次**：即以鼠标按下处的颜色为要擦除的颜色，可反复设置取样点。

★　**连续**：连续取样，鼠标指针所到之处都会被擦除。

★　**背景色板**：以背景色板中的颜色作为要擦除的颜色。

当在背景层上使用"背景橡皮擦工具"擦除时，会将背景层转换为普通层。

"魔术橡皮擦工具" 和"背景橡皮擦工具"有些类似，也可以设定容差来控制所要擦除的颜色范围，在背景层上使用该工具进行擦除时，也会将背景层转换为普通图层，但比背景橡皮擦多了一个透明度的设置，可擦出透明的效果。

"形状工具"的使用

在Photoshop CC中，同样也提供了几种常用的几何对象绘制工具，利用形状工具组中的几何图形可以方便地绘制出各种形状的路径或形状。它包括6个矢量绘图的工具：矩形、圆角矩形、椭圆、多边形、直线和自定形状工具，如图2-22所示。

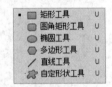

图2-22

各个"形状工具"的使用这里不做详细讲解了，在绘制过程中有一些漂亮的矢量图形，便于以后调用常存储为自定义形状，其操作方法如下。

01 选择任意一种路径工具绘制出路径，对路径进行调节，使其形状达到所需的要求。

02 使用"路径选取工具"选中路径，执行"编辑"/"定义自定形状"命令。

03 此时将打开"形状名称"对话框，在"名称"栏中输入名称，如图2-23所示，单击"确定"按钮即可。

04 在"外形"弹出式面板中将会出现刚才定义的形状，如图2-24所示。

图2-23

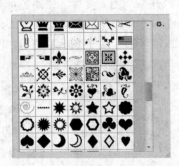

图2-24

2.2 实例应用：

光盘
02/实例应用/清爽饮料广告设计.PSD

「清爽饮料广告设计」

实例目标

图像的制作流程分为3部分。第1部分制作饮料广告的背景；第2部分对橙子的立体刻画；第3部分使用蒙版和字体制作。

技术分析

本例的重点是制作橙子的投影，通过这个练习，进一步加深读者对绘图工具的了解。在制作橙子的过程中，除了制作倒影以外，如何定义图案，如何应用"添加蒙版"也很重要。

制作步骤

---

01 新建文档。执行菜单"文件"/"新建"命令（或按【Ctrl+N】快捷键），设置弹出的"新建"命令对话框如图2-24所示。

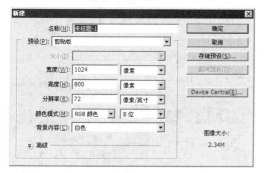

图2-24

02 执行"文件"/"打开"命令，在弹出的"打开"对话框中选择"素材1"文件，单击"打开"按钮，如图2-25所示。

图2-25

03 使用"移动工具" ，将"素材1"拖至第一步新建的文件中，得到"图层1"，如图2-26所示。

图2-26

04 按【Ctrl+T】快捷键，调出自由变换选框，按住【Shift】键，拖动选框边缘的锚点，调整图像大小到如图2-27所示的状态，按【Enter】键确认变换操作。

图2-27

05 单击"图层"面板下方的"创建新的填充或调整图层"按钮 ◎，在弹出的菜单中选择"曲线"命令，然后在弹出的对话框中设置合适的参数，如图2-28所示。

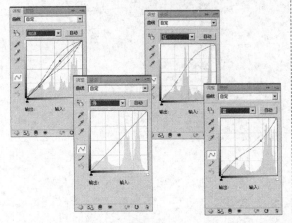

图2-28

06 设置好曲线参数后将"调整"面板隐藏，调出"图层"面板，得到"曲线1"图层，这时的画面效果如图2-29所示。

图2-29

07 执行"文件"/"打开"命令，在弹出的"打开"对话框中选择"素材2"文件，单击"打开"按钮，如图2-30所示。

图2-30

08 使用"移动工具" ▶⊕，将"素材2"拖至第一步新建的文件中，得到"图层 2"，按【Ctrl+T】快捷键，调出自由变换选框，按住【Shift】键，拖动选框边缘的锚点，调整图像大小到如图2-31所示的状态，按【Enter】键确认变换操作。

图2-31

09 按住【Ctrl】键，在"图层2"的图层缩览图上单击，载入选区，单击"图层"面板下方的"创建新的填充或调整图层"按钮 ◎，在弹出的菜单中选择"曲线"命令，然后在弹出的对话框中设置合适的参数，得到"曲线2"，如图2-32所示。

图2-32

10 在"图层"面板中选中"曲线2"的图层蒙版缩览图，将前景色设置为黑色，使用"画笔工具" ✐，在工具选项栏中设置合适的参数，在画面中橙子的位置涂抹，如图2-33所示。

图2-33

11 按住【Ctrl】键，在"图层2"的图层缩览图上单击，载入选区，单击"图层"面板下方的"创建新的填充或调整图层"按钮 ◎，选择"亮度/对比度"命令，然后设置合适的参数，得到"亮度/对比度1"，使用"画笔工具" ✐，在"工具选项栏"中设置合适的参数，在橙子的右上方位置涂抹，如图2-34所示。

图2-34

12 按住【Ctrl】键，在"图层2"的图层缩览图上单击，载入选区，单击"图层"面板下方的"创建新的填充或调整图层"按钮，选择"色阶"命令，然后设置合适的参数，得到"色阶1"，使用"画笔工具"，在工具选项栏中设置合适的参数，在橙子的右上方位置涂抹，如图2-35所示。

图2-35

13 在"图层"面板中选中"图层2"，将其拖动到"创建新图层"按钮，得到"图层2副本"，按【Ctrl+T】快捷键，调出自由变换选框，按住【Alt】键，拖动选框边缘的锚点，调整图像大小到如图2-36所示的状态，按【Enter】键确认变换。

图2-36

14 在"图层"面板中选中"图层2副本"，单击"锁定图层透明像素"按钮，将前景色设为灰蓝色，按【Alt+Delete】快捷键，填充前景色，如图2-37所示。

图2-37

15 在"图层"面板中选中"图层2副本"，单击"添加图层蒙版"按钮，将前景色设置为黑色，使用"画笔工具"，在工具选项栏中设置合适的参数，在橙子投影部分的边缘位置涂抹，如图2-38所示。

图2-38

16 复制"图层2副本"，得到"图层2副本2"，将前景色设置为深红色，按【Alt+Delete】快捷键，填充前景色，再将前景色设置为黑色，使用"画笔工具"，在工具选项栏中设置合适的参数，在橙子投影部分的边缘位置涂抹，如图2-39所示。

图2-39

17 在"图层"面板中选中"图层2"，按【Ctrl+]】快捷键，向上调整图像层次。单击"添加图层蒙版"按钮，使用"画笔工具"，在工具选项栏中设置合适的参数，在橙子的下方涂抹，使其与投影的颜色过度更自然，如图2-40所示。

图2-40

18 在"图层"面板中单击图层前面的"指示

图层可见性"图标 👁，将其隐藏。只显示"图层1"，如图2-41所示。

图2-41

19 调出"通道"面板，选中"蓝"通道，将其拖动到"创建新通道" 🔲 按钮，得到"蓝拷贝"通道，如图2-42所示。

图2-42

20 按【Ctrl+】快捷键，将图像反选，按【Ctrl+L】快捷键，调出"色阶"对话框，设置合适的参数，单击"确定"按钮，如图2-43所示。

图2-43

21 将前景色设置为黑色，使用"画笔工具" ✏️，在工具选项栏中设置合适的参数，在画面涂抹，只露出伞的形状，如图2-44所示。

图2-44

22 按住【Ctrl】键，在"蓝副本"的通道缩览图上方单击，载入选区。调出"图层"面板，选中"图层1"，按【Ctrl+J】快捷键，

复制图层得到"图层3"，如图2-45所示。

图2-45

23 在"图层"面板中选中"图层3"，按【Ctrl+Shift+]】快捷组合键，将图层置于顶层，再将其他图层显示，如图2-46所示。

图2-46

24 调出"通道"面板，选中"红"通道，将其拖动到"创建新通道"按钮🔲，得到"红副本"通道，如图2-47所示。

图2-47

25 按【Ctrl+】快捷键，将图像反选，按【Ctrl+L】快捷键，调出"色阶"对话框，设置合适参数，单击"确定"按钮，如图2-48所示。

图2-48

26 将前景色设置为黑色，使用"画笔工具" ✏️，在工具选项栏中设置合适的参数，在画面上涂抹，只露出左边的一片树叶，如图2-49所示。

图2-49

27 按住【Ctrl】键，在"红副本"的通道缩览图上方单击，载入选区。调出"图层"面板，选中"图层1"，按【Ctrl+J】快捷键，得到"图层4"，按【Ctrl+Shift+]】快捷组合键，将图层置于顶层，再将其他图层显示，如图2-50所示。

图2-50

28 执行"文件"/"打开"命令，在弹出的"打开"对话框中选择"素材3"文件，单击"打开"按钮，如图2-51所示。

图2-51

29 使用"钢笔工具" ，沿着画面中间的椅子边缘绘制一条路径，在"路径"面板中得到"工作路径"，如图2-52所示。

图2-52

30 按【Ctrl+Enter】快捷键，将路径转换为选区，调出"图层"面板，选中"图层1"，按【Delete】键，将其删除，按【Ctrl+D】快捷键，取消选区，如图2-53所示。

图2-53

31 使用"移动工具" ，将椅子拖至第一步新建的文件中，得到"图层5"，按【Ctrl+T】快捷键，调出自由变换选框，按住【Shift】键，调整图像大小到如图2-54所示的状态，按【Enter】键确认变换操作。

图2-54

32 选中"图层5"单击"图层"面板下方的"添加图层蒙版"按钮 ，将前景色设置为黑色，使用"画笔工具" ，在工具选项栏中设置合适的参数，在椅子下方涂抹，将其投影隐藏，如图2-55所示。

图2-55

33 按住【Ctrl】键，在"图层5"的图层缩览图上方单击，载入选区，单击"图层"面板下方的"创建新的填充或调整图层"按钮 ，在弹出的菜单中选择"色阶"命令，然后在弹出的对话框中设置合适的参数，得到"色阶2",如图2-56所示。

图2-56

34 执行"文件"/"打开"命令,在弹出的
"打开"对话框中选择"素材4"文件,单
击"打开"按钮,如图2-57所示。

图2-57

35 使用"移动工具" ,将"素材4"拖至第
一步新建的文件中,得到"图层 6",按
【Ctrl+T】快捷键,调出自由变换选框,按
住【Shift】键,调整图像大小到如图2-58所
示的状态,按【Enter】键确认变换操作。

图2-58

36 按住【Ctrl】键,在"图层6"的图层缩览图
上方单击,载入选区,单击"图层"面板
下方的"创建新的填充或调整图层"按钮
 ,在弹出的菜单中选择"曲线"命令,
然后在弹出的对话框中设置合适的参数,
得到"曲线3",如图2-59所示。

37 按住【Ctrl】键,在"图层7"的图层缩览
图上方单击,载入选区,选择工具栏中的
"渐变工具" ,在工具选项栏中单击渐
变条,在弹出的对话框设置黑色到白色的
渐变,如图2-60所示。

图2-59

图2-60

38 选中"图层7",在工具选项栏中选择"线
性渐变" ,然后在选区中由下向上拖曳鼠
标添加渐变,如图2-61所示。

图2-61

39 选中"图层7",单击"添加图层蒙版"按
钮 ,将前景色设置为色黑,使用"画笔工
具" ,在工具选项栏中设置合适的参数,
在"图层7"图像的中间位置涂抹,将其投
影隐藏,如图2-62所示。

图2-62

40 使用"钢笔工具" ，沿果汁机的边缘位置绘制一条路径，在"路径"面板中得到"工作路径"，如图2-63所示。

图2-63

41 按【Ctrl+Enter】快捷键，将路径转换为选区，调出"图层"面板，选中"图层2"，按【Ctrl+J】快捷键，复制图层，得到"图层8"，按【Ctrl+Shift+]】快捷组合键，将图层置于顶层，如图2-64所示。

图2-64

42 按住【Ctrl】键，在"图层8"的图层缩览图上方单击，载入选区，单击"图层"面板下方的"创建新的填充或调整图层"按钮 ，在弹出的菜单中选择"色阶"命令，然后在弹出的对话框中设置合适的参数，得到"色阶3"，如图2-65所示。

图2-65

43 在"图层"面板中选中"图层8"，将其拖动到"创建新图层"按钮 ，得到"图层8副本"，使用"移动工具" ，将复制的图像移动到果汁机的左方，如图2-66所示。

图2-66

44 按住【Ctrl】键，在"图层8副本"的图层缩览图上方单击，载入选区，在"图层"面板中选中"色阶2"的图层蒙版缩览图，将前景色设置为白色，按【Alt+Delete】快捷键，填充前景色，按【Ctrl+D】快捷键，取消选区，如图2-67所示。

图2-67

45 按住【Ctrl】键，将"图层8"和"图层8副本"全部选中，将其拖动到"创建新图层"按钮 ，得到"图层8副本2"和"图层8副本3"，然后单独选中图层，使用"移动工具" ，将复制的图像轻微向左右两方移动，如图2-68所示。

图2-68

46 按住【Ctrl】键，在"图层8副本2"的图层缩览图上方单击，载入选区，单击"图层"面板下方的"创建新的填充或调整图层"按钮 ，在弹出的菜单中选择"色阶"命令，然后在弹出的对话框中设置合适的参数，得到"色阶4"，如图2-69所示。

47 在"图层"面板中选中"图层6"，将其拖动到"创建新图层"按钮 ，得到"图层6

拷贝",按【Ctrl+[】快捷键,向下调整图像层次,按【Ctrl+T】快捷键,调出自由变换选框,调整图像大小到如图2-70所示的状态,按【Enter】键确认变换操作。

图2-69

图2-70

48 按住【Ctrl】键,在"图层6拷贝"的图层缩览图上方单击,载入选区,选择工具栏中的"渐变工具" ,在工具选项栏中单击渐变条,设置黑色到白色的渐变,选择"线性渐变" ,然后在选区中拖曳鼠标添加渐变,按【Ctrl+D】快捷键,取消选区,如图2-71所示。

图2-71

49 在"图层"面板中选中"图层6拷贝",执行菜单"滤镜"/"模糊"/"高斯模糊"命令,在弹出的"高斯模糊"对话框中调整合适的参数,然后单击"确定"按钮,如图2-72所示。

50 单击"图层"面板下方的"添加图层蒙版"按钮 ,将前景色设置为黑色,使用"画笔工具" ,在工具选项栏中设置合适的参数,在投影下方的位置涂抹,如图2-73所示。

图2-72

图2-73

51 执行"文件"/"打开"命令,在弹出的"打开"对话框中选择"素材5"文件,单击"打开"按钮,如图2-74所示。

图2-74

52 使用"移动工具" ,将"素材4"拖至第一步新建的文件中,得到"图层6",按【Ctrl+T】快捷键,调出自由变换选框,按住【Shift】键,调整图像大小到如图2-75所示的状态,按【Enter】键确认变换操作。

图2-75

53 使用"钢笔工具" ,沿着玻璃杯的边缘绘制一条路径,在"路径"面板得到"工作路径",如图2-76所示。

图2-76

54 按【Ctrl+Enter】快捷键，将路径转换为选区，调出"图层"面板，选中"图层9"，按【Ctrl+Shift+I】快捷组合键，将选区反选，按【Delete】键将其删除，如图2-77所示。

图2-77

55 在"图层"面板中单击图层前面的"指示图层可见性"图标 👁，将其隐藏，只显示"图层9"，如图2-78所示。

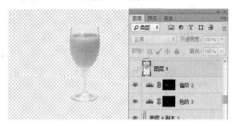

图2-78

56 调出"通道"面板，选中"蓝"通道，将其复制得到"蓝副本2"，按【Ctrl+L】快捷键，调出"色阶"对话框，设置合适的参数，单击"确定"按钮，如图2-79所示。

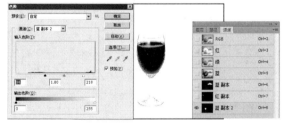

图2-79

57 在"通道"面板中选中"蓝副本"，按【Ctrl+Shift+]】快捷键，将图像反选，如图2-80所示。

图2-80

58 按住【Ctrl】键，在"蓝副本2"的通道缩览图上方单击，载入选区，调出"图层"面板，选中"图层9"，按【Ctrl+J】快捷键，复制图层，得到"图层10"，如图2-81所示。

图2-81

59 调出"通道"面板，选中"蓝"通道，将其复制得到"蓝副本3"，按【Ctrl+L】快捷键，调出"色阶"对话框，设置合适参数，单击"确定"按钮，如图2-82所示。

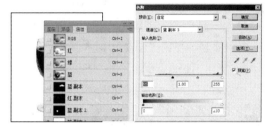

图2-82

60 按住【Ctrl】键，在"蓝副本3"的通道缩览图上方单击，载入选区，调出"图层"面板，选中"图层9"，按【Ctrl+J】快捷键，复制图层，得到"图层11"，如图2-83所示。

图2-83

61 在"图层"面板中选中"图层9"，将其拖动到"删除图层"按钮 🗑 上方，将其删除，再将其他图层显示，如图2-84所示。

图2-84

62 按住【Ctrl】键，将"图层10"和"图层11"一起选中，按【Ctrl+T】快捷键，调出自由变换选框，按住【Shift】键，调整图像大小到如图2-85所示的状态，按【Enter】键确认变换操作。

图2-85

63 按住【Ctrl】键，将"图层10"和"图层11"一起选中，将其拖动到"创建新图层"按钮 上，得到"图层10副本"和"图层11副本"，使用"移动工具" ，将复制的杯子移动到左方，如图2-86所示。

图2-86

64 按住【Ctrl】键，在"图层11副本"的图层缩览图上方单击，载入选区，然后再按【Ctrl+Shift】键，在"图层11副本"的图层缩览图上方单击，添加选区，如图2-87所示。

图2-87

65 单击"图层"面板下方的"创建新的填充或调整图层"按钮 ，在弹出的菜单中选择"色阶"命令，然后在弹出的对话框中设置合适的参数，得到"色阶4"，如图2-88所示。

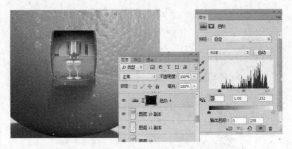

图2-88

66 将前景色设置为黑色，使用"钢笔工具" ，在工具选项栏中设置合适的参数，在画面下方绘制一个闭合路径，得到"形状1"，如图2-89所示。

图2-89

67 在"图层"面板中，双击"形状1"图层，弹出"图层样式"对话框，选择"渐变叠加"选项，设置红色到黄色的渐变和其他参数，如图2-90所示。

图2-90

68 设置好参数后，单击"确定"按钮，按【Ctrl+H】快捷键，隐藏路径，如图2-91所示。

图2-91

69 将前景色设置为黑色，使用"钢笔工具" ，在工具选项栏中设置合适的参数，在画面下方绘制一个闭合路径，得到"形状2"，按【Ctrl+[】快捷键，向下调整图像层次，如图2-92所示。

图2-92

70 在"图层"面板中，双击"形状2"图层，弹出"图层样式"对话框，选择"渐变叠加"选项，设置红色到黄色的渐变和其他参数，如图2-93所示。

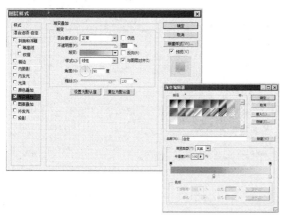

图2-93

71 设置好参数后，单击"确定"按钮，按【Ctrl+H】快捷键，隐藏路径，如图2-94所示。

图2-94

72 在"图层"面板中选中"形状2"，单击面板上方的"不透明度"选项，设置合适的参数，如图2-95所示。

图2-95

73 将前景色设置为黄色，使用"钢笔工具"，在工具选项栏中设置合适的参数，在画面下方绘制一个闭合路径，得到"形状3"，按【Ctrl+[】快捷键，向下调整图像层次，如图2-96所示。

图2-96

74 在"图层"面板中，双击"形状3"图层，弹出"图层样式"对话框，选择"外发光"选项，设置合适的参数，如图2-97所示。

图2-97

75 在"图层"面板中选中"形状3"，单击面板上方的"不透明度"选项，设置合适的参数，如图2-98所示。

76 将前景色设置为黑色，使用"钢笔工具"，在工具选项栏中设置合适的参数，在画面下方绘制一个闭合路径，得到"形状4"，按【Ctrl+]】快捷键，向上调整图像层次，如图2-99所示。

图2-98

图2-99

77 在"图层"面板中，双击"形状4"图层，弹出"图层样式"对话框，选择"颜色叠加"和"外发光"选项，设置合适的参数，如图2-100所示。

图2-100

78 设置好参数后，单击"确定"按钮，按【Ctrl+H】快捷键，隐藏路径，此时的画面效果如图2-101所示。

图2-101

79 在"图层"面板中选中"形状4"，单击面板上方的"不透明度"选项，设置合适的参数，如图2-102所示。

图2-102

80 在"图层"面板中选中"形状4"，将其拖动到"创建新图层"按钮 上，得到"形状4副本"，将其移动到画面右方，使用"直接选择工具" 编辑复制形状的节点，如图2-103所示。

图2-103

81 将前景色设置为橙色，使用"横排文字工具" ，在工具选项栏中设置适当字体和字号，在画面右下角的位置单击录入所需文，得到"QQ橙"文字图层，如图2-104所示。

图2-104

82 在"图层"面板中，双击"QQ橙"文字图层，弹出"图层样式"对话框，选择"投影"选项，设置合适的参数，单击"确定"按钮，如图2-105所示。

所示的状态，按【Enter】键确认变换操作。

图2-106

图2-105

83 执行"文件"/"打开"命令，在弹出的"打开"对话框中选择"素材6"文件，单击"打开"按钮，如图2-106所示。

84 使用"移动工具" ，将"素材6"拖至第一步新建的文件中，得到"图层12"，按【Ctrl+T】快捷键，调出自由变换选框，按住【Shift】键，调整图像大小到如图2-107

图2-107

2.3 拓展训练：自行车DM

本例使用了"文字工具"、"自定形状工具"、"矩形工具"、"画笔工具"等绘制出画面的整体效果。

01 新建文档。执行菜单"文件"/"新建"命令（或按【Ctrl+N】快捷键），设置弹出的"新建"命令对话框，单击"确定"按钮，即可创建一个新的空白文档，如图2-108所示。

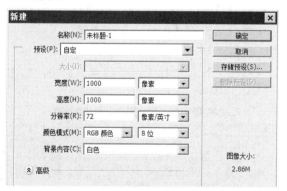

图2-108

02 选择工具栏中的"渐变工具" ，在工具选项栏中单击渐变条，在弹出的对话框中设

置黑色到黄色的渐变，如图2-109所示。

图2-109

03 单击"图层"面板下方的"创建新图层"
按钮，得到"图层1"，使用"渐变工
具"，在工具选项栏中选择"线性渐
变"，然后在选区中由下向上拖曳鼠标添
加渐变，如图2-110所示。

图2-110

04 执行"文件"/"打开"命令，在弹出的
"打开"对话框中选择"素材1"文件，单
击"打开"按钮，如图2-111所示。

图2-111

05 使用"移动工具"，将"素材1"拖至第
一步新建的文件中，得到"图层 1"，如图
2-112所示。

图2-112

06 按住【Ctrl】键，在"图层1"的图层缩览
图上方单击，载入选区，再单击"图层"
面板下方的"创建新的填充或调整图层"
按钮，在弹出的菜单中选择"曲线"
命令，然后分别设置每个通道的合适的参
数，如图2-113所示。

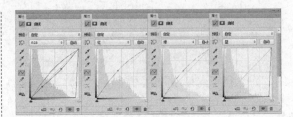

图2-113

07 调整好色阶参数后，将调整面板隐藏，调出
"图层"面板，得到"曲线1"图层，此时
的画面效果如图2-114所示。

图2-114

08 用第6步的相同方法载入"图层1"选区，单
击"创建新图层"按钮，得到"图层2"，
再单击"图层"面板下方的"添加图层蒙
版"按钮，选中"图层2"的图层缩览图，
将前景色设置为黄色，使用"画笔工具"
，在工具选项栏中设置合适的参数，在车
轮辐的两边涂抹，如图2-115所示。

图2-115

09 新建文档。执行菜单"文件"/"新建"
命令（或按【Ctrl+N】快捷键），设置弹
出的"新建"命令对话框，单击"确定"
按钮，即可创建一个新的空白文档，如图
2-116所示。

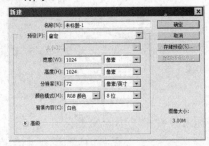

图2-116

10 将前景色设置为黑色，使用"矩形工具" 📧，在工具选项栏中设置合适的参数，按住【Shift】键，绘制一个正方形，得到"矩形1"，如图2-117所示。

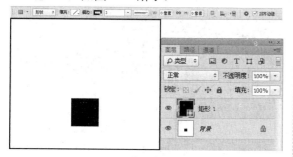

图2-117

11 使用"矩形工具" 📧，在工具选项栏中单击"从形状区域减去"按钮📧，在上一步绘制的正方形中间位置绘制一个长方形，如图2-118所示。

图2-118

12 使用"路径选择工具" 📐，选中所有的矩形，按住【Alt】键，复制多个图形，将复制的图形调整到合适的大小和角度，按【Ctrl+H】快捷键，隐藏路径，然后执行菜单"编辑"/"定义画笔预设"命令，在弹出的对话框中单击"确定"按钮，如图2-119所示。

13 在"图层"面板中选中"形状1"，按【Ctrl+T】快捷键，调出自由变换选框，拖动选框边缘的锚点，调整图像的大小和角度到如图2-120所示的状态，按【Enter】键确认变换操作。

图2-119　　　　　　图2-120

14 使用"路径选择工具" 📐，选中所有矩形，按住【Alt】键，复制多个图形，将复制的图形调整到合适的大小和角度，按【Ctrl+H】快捷键，隐藏路径，然后执行菜单"编辑"/"定义画笔预设"命令，在弹出的对话框中单击"确定"按钮，如图2-121所示。

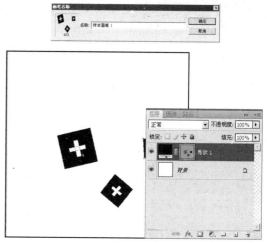

图2-121

15 选择"画笔工具" 📧，调出"画笔"面板，分别设置"画笔预设"、"形状动态"、"散布"、"其他动态"选项的合适参数，如图2-122所示。

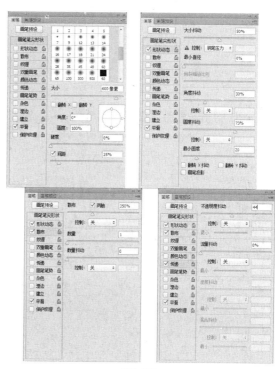

图2-122

16 新建图层得到"图层3"，将前景色设置为黄色，使用"画笔工具" ✐，在工具选项栏中设置合适的参数，在画面中间的位置涂抹，如图2-123所示。

图2-123

17 新建图层得到"图层4"，将前景色设置为浅黄色，使用"画笔工具" ✐，在工具选项栏中调整画笔参数，在画面中间的位置涂抹，如图2-124所示。

图2-124

18 新建图层得到"图层5"，将前景色设置为黄色，使用"画笔工具" ✐，在工具选项栏中调整画笔参数，调出"画笔"面板，选择"其他动态"选项，设置合适的参数，然后在画面中间的位置涂抹，如图2-125所示。

图2-125

19 调出"图层"面板，按住【Ctrl】键，将"图层3、4、5"全部选中，按【Ctrl+Shift+[】快捷键，将图层置于底层，如图2-126所示。

图2-126

20 执行"文件"/"打开"命令，在弹出的"打开"对话框中选择随书光盘中的"素材2"文件，单击"打开"按钮，如图2-127所示。

图2-127

21 使用"移动工具" ▸◂，将"素材2"拖至第一步新建的文件中，得到"图层6"，移动到画面的合适位置，如图2-128所示。

图2-128

22 在"图层"面板中选中"图层6"，单击"添加图层蒙版"按钮 ▣，将前景色设置为黑色，在工具选项栏中设置合适的参数，在素材的边缘位置涂抹，使其与背景过渡均匀，如图2-129所示。

图2-129

23 在"图层"面板中选中"图层6"，单击"添加图层蒙版"按钮 ◻，将前景色设置为黑色，在工具选项栏中设置合适的参数，在素材的边缘位置涂抹，使其与背景过渡均匀，如图2-130所示。

图2-130

24 使用"横排文字工具" T，在工具选项栏中设置适当的字体和字号，填充色为黄色，在画面上方单击录入所需文字，得到"BEJ…"文字图层，如图2-131所示。

图2-131

25 在"图层"面板中选中"BEJ…"在其上方双击，弹出"图层样式"对话框，选择"渐变叠加"选项，设置黄色的渐变和其他参数，单击"确定"按钮，如图2-132所示。

图2-132

26 使用"横排文字工具" T，在工具选项栏设置适当的字体和字号，填充色为黄色，在画面上方单击录入所需文字，得到"MJT…"文字图层，如图2-133所示。

图2-133

27 在"图层"面板中选中"MJT…"在其上方双击，弹出"图层样式"对话框，选择"渐变叠加"选项，设置白色到黄色的渐变和其他参数，单击"确定"按钮，如图2-134所示。

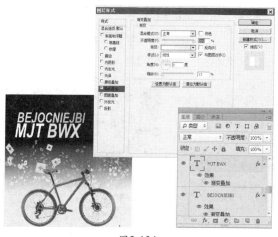

图2-134

28 使用"横排文字工具"⊤，在工具选项栏中设置适当的字体和字号，填充色为黄色，在画面上方单击录入所需文字，得到"MEO…"文字图层，在"图层"面板中，按住【Alt】键，选中"MJT…"的图层效果拖动到"MEO…"上，复制图层效果，如图2-135所示。

图2-135

29 使用上面相同的方法录入其他文字，调整合适的字体和字号参数，添加合适的渐变颜色，如图2-136所示。

图2-136

30 将前景色设置为黄色，使用"自定形状工具"，在工具选项栏中单击"形状"选项，在弹出的对话框中选择合适的形状，按住【Shift】键，在文字左方绘制，得到"形状1"，如图2-137所示。

图2-137

31 将前景色设置为黄色，使用"自定形状工具"，在工具选项栏中单击"形状"选项，在弹出的对话框中选择合适的箭头形状，按住【Shift】键，在文字右方绘制，得到"形状2"，如图2-138所示。

图2-138

32 使用"矩形工具"，在工具选项栏中单击"创建新的形状图层"按钮，在箭头下方绘制一个矩形，再单击工具选项栏中的"添加到形状区域"按钮，再绘制一个矩形，调整绘制图形的角度和大小到合适的位置，得到"形状3"，如图2-139所示。

图2-139

33 继续运用绘制图形、添加蒙版及色相/饱和度进行颜色填充等技术，完善广告效果图，如图2-140所示。

图2-140

2.4 课后练习

一、选择题

1. 下列哪一个工具像画笔一样能自由选取画面？（ ）
    A. 魔棒工具　　　B. 矩形工具　　　　　　　　　C. 套索工具　　　D. 椭圆选框工具

2. 如何在画笔浮动窗口上新建一支画笔？（ ）
    A. 在画笔浮动窗口处单击即可
    B. 利用画笔隐藏式菜单中的新增画笔命令
    C. 选取欲进行定义的图像区域，并执行"定义画笔"命令
    D. 以上皆可定义新增的画笔

3. 使用背景橡皮擦工具擦除图像后，其背景色呈现什么色？（ ）
    A. 白色　　　　　B. 与以前所设的背景色相同　　C. 透明色　　　D. 以上都不对

4. 在使用椭圆选框工具时，怎样可以绘出正圆形？（ ）
    A. 按住Alt键，同时进行拖曳鼠标
    B. 按住Shift键，同时进行拖曳鼠标
    C. 按住Shift+Alt键，同时进行拖曳鼠标
    D. 直接拖曳鼠标

二、问答题

1. 定义图案和自定义形状的具体操作步骤是什么？
2. 修图工具中的仿制图章工具如何运用？

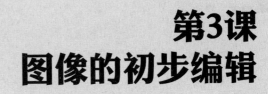

第3课
图像的初步编辑

本课主要对Photoshop CC中编辑图像进行全面详细的介绍。掌握了本章的知识点，有助于提高读者对Photoshop CC的认识，为熟练地操作Photoshop CC奠定基础。

3.1 基础知识讲解

▊ 3.1.1　图像编辑工具的使用

"移动"和"裁切工具"的使用

使用工具箱中的"移动工具" ▶⊕，可以对图像中的对象或选取对象进行移动，按住鼠标左键拖曳，可直接将某一对象移动复制到其他文件中，粘贴图像后，其位置往往不能满足要求，因此需要对图像进行移动。先在工具箱中选择"移动工具"，然后移动鼠标指针至图像窗口中，在要移动的图像上按下鼠标左键并拖动。

若需要对某一块区域进行移动，就必须在移动前设置选区，然后才可使用"移动工具"进行移动。

提示

按住【Ctrl+Alt】快捷键后，用鼠标拖动选区内的图像，就可实现复制选区图像的功能。

按住【Ctrl+Alt】快捷键，然后按键盘上的↑、↓、←、→4个方向键，也可以复制图像，但它是以一个像素为单位复制图像，如果同时按下【Shift】键，即会按垂直、水平和45°角方向移动。若按下【Ctrl】键同时拖动选区，则可以移动选区中的图像。

"移动工具"的选项栏如图3-1所示，下面将详细介绍此工具选项栏。

图3-1

A→自动选择：分为组和图层。

B→显示变换控件：选中该复选项，可对选中图层的图像显示控制边框，显示控制边框后，可对其进行旋转、变形、翻转等操作。

C→"对齐连接"按钮：用来对齐图层，与"图层"/"将图层与选区对齐"子菜单下的命令是一一对应的。

D→"分布连接"按钮：用于分布排列图像的图层，与"图层"/"分布"子菜单下的命令是一一对应的。

提示

在使用"将图层与选区对齐"命令时，一定要建立两个或两个以上的图层链接。若要使用"分布"命令，要建立3个或更多的图层链接。

裁切工具

在工具箱中选择"裁切工具"，可将图像中没用的部分删除，只保留想要的部分，图3-2和图3-3所示分别为选择区域裁切前、后的效果。

提示

. 在裁切图像时，按住【Shift】键拖动，可选取正方形的裁切；按住【Alt】键可以从中心进行裁切；按住【Shift+Alt】快捷键可以从中心选取正方形进行裁切。

图3-2

图3-3

标尺、网格与参考线的使用

使用标尺工具可以精确测量和定位对象。选择菜单"视图"/"标尺"命令或按快捷键【Ctrl+R】，图像窗口上边和左侧即会出现标尺，如图3-4所示。

参考线和网格可以帮助精确定位图像或各元素。参考线浮于图像的上方，是非打印的。可以通过移动来去除参考线；也可以将参考线锁定，以防止其发生移位，执行"视图"/"显示"菜单命令，可从弹出的选项中选择显示参考线、网格，命令前面打勾即为显示，反之即为隐藏，图3-5所示为网格效果。

图3-4

图3-5

▌3.1.2 修复工具的使用

"锐化"、"涂抹"、"模糊工具"的使用

"锐化工具" △ 是将图像相似区域的清晰度提高，也就是增大像素之间的反差，该工具选项栏如图3-6所示。

图3-6

打开一张图片。在工具箱中选择"锐化工具"，并在工具选项栏中进行设置，然后将鼠标指针放在图像中进行涂抹，如图3-7和图3-8所示。

图3-7

图3-8

"涂抹工具" 是在图像上用涂抹的方式柔和附近的像素，拖动鼠标，使笔触周围的像素随鼠标移动而相互融合，从而创造柔和、模糊的效果。

"模糊工具" 可以柔化模糊图像，其工作原理是降低图像像素之间的反差，使图像的边界或区域变得柔和，产生一种模糊的效果。

提示

"模糊工具" 一般用来修正扫描图像。扫描的图像中很容易出现一些杂点和折痕，使图像看上去很不平顺，用 "模糊工具" 稍加修饰，可以将杂点图像周围的像素混合在一起。但要适可而止，以防弄巧成拙。

"减淡"、"加深"、"海绵工具" 的使用

"减淡工具" 用来加亮图像的局部。"减淡工具" 选项栏与 "涂抹工具" 选项栏不同，如图3-9所示。

图3-9

"加深工具" 与 "减淡工具" 正好相反，该工具可以将图像暗化。该工具选项栏中的使用与 "减淡工具" 相同。

在使用 "加深工具" 时，按住【Shift】键，该工具会沿着直线的方向修改图像。若按住【Ctrl】键，则 "加深工具" 将切换为 "移动工具"。若按住【Alt】键，则可以在 "亮化" 和 "加深工具" 之间转换。

"海绵工具" 用于调整色彩饱和度，它可以提高或降低色彩的饱和度，其选项栏与 "加深工具" 选项栏大不相同。在模式参数的下拉菜单中有 "去色" 和 "加色" 两个模式。选择 "去色" 选项，可以降低图像颜色的饱和度，同时增加图像中的灰色调。

3.1.3 旋转和变换图像

在编辑图像过程中，可以选择 "编辑" / "变换" 命令对图像进行旋转和变形，下面将通过实例具体介绍。

选择 "编辑" / "变换" 命令，如图3-10所示，可以对图像进行旋转，下面为分别执行不同命令后产生的效果：原始图像如图3-11所示；旋转180度，如图3-12所示；顺时针旋转90度，如图3-13所示；逆时针旋转90度，如图3-14所示；水平翻转，如图3-15所示；垂直翻转，如图3-16所示。

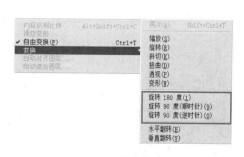

图3-10

图3-11

图3-12

图3-13

图3-14

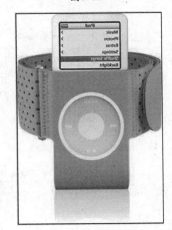

图3-15

图3-16

选择"编辑"/"变换"命令还可对图像进行变形操作,如图3-17所示。图像变形包括"缩放"、"旋转"、"斜切"、"扭曲"和"透视",下面为分别执行不同命令后产生的效果:原始图像如图3-18所示;执行"缩放"命令后如图3-19所示;执行"旋转"命令后如图3-20所示;执行"斜切"命令后如图3-21所示;执行"扭曲"命令后如图3-22所示;执行"透视"命令后如图3-23所示。

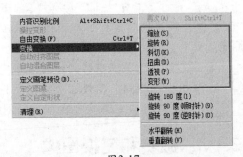

图3-17

图3-18

图3-19

图3-20

图3-21	图3-22	图3-23

3.1.4 填充工具

　　"油漆桶工具"可以在图像或者选区中填充容差范围内的颜色和图案。在"油漆桶工具"选项栏中可以设置"填充"、"图案"、"模式"、"不透明度"、"容差"、"消除锯齿"、"连续的"、"所有图层"选项，如图3-24所示。

图3-24

　　"渐变工具" 可以创建多种颜色渐变，实际上就是在图像中或在图像的某一区域中填入一种具有多种颜色过渡的混合色。此渐变色可以是从前景色到背景色的渐变，也可以是从背景色到前景色的渐变，还可以是前景色和透明色之间的渐变，或者其他颜色之间的渐变。下面详细介绍"渐变工具"。

　　"渐变工具"选项栏包括"渐变编辑器"、"渐变类型"、"线性渐变"、"径向渐变"、"角度渐变"、"对称渐变"、"菱形渐变"、"模式"、"不透明度"、"反向"、"仿色"、"透明区域"，如图3-25所示。

图3-25

　　A→渐变编辑器：单击"渐变工具"选项栏左侧的图标，便可以打开图3-26所示的对话框，可以在对话框中设置需要的渐变颜色。在"预设"选项中选择一种渐变进行编辑，在"名称"文本框中可以修改渐变的名称，在"渐变类型"中可以选择"实底"或"杂色"选项，对话框如图3-27和图3-28所示。

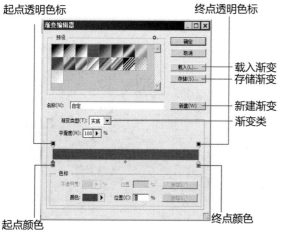

图3-26

图3-27

单击图标后面的小三角按钮，则可以弹出图3-29所示的"预设"面板，在此面板中可以选择渐变色。

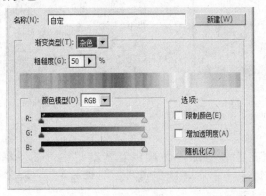

图3-28

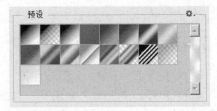

图3-29

B→渐变类型：包括5种渐变。"线性渐变"是从渐变的起点到终点做直线状的渐变；"径向渐变"是从渐变的中心做放射性的渐变；"角度渐变"是从渐变的中心开始到终点做逆时针方向的角度渐变；"对称渐变"是从渐变的中心开始做对称直线状形状渐变；"菱形渐变"是从渐变的中心开始做菱形渐变。各种渐变演示如图3-30所示。

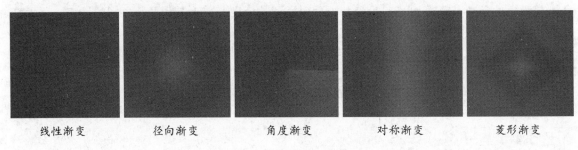

| 线性渐变 | 径向渐变 | 角度渐变 | 对称渐变 | 菱形渐变 |

图3-30

C→模式：在此选项中可以选择渐变色彩混合模式。

D→不透明度：可以设置渐变的不透明度。

E→反向：选择该选项后，所得到的渐变色方向与设置的渐变色方向相反。

F→仿色：选中该复选项后可以使渐变效果过渡更加平顺。

G→透明区域：选中该复选项将打开透明蒙版功能，绘图时保持透明填色效果。

3.2 实例应用：

💿 光盘
03/实例应用/宣传折页的制作.PSD

「宣传折页的制作」

实例目标

宣传折页的制作共分为4个部分。第1部分制作折页背景火光效果；第2部分为折页正面添加主体龙图像，为折页背面添加主体建筑图像；第3部分制作折页的主体文字；第4部分输入其他的信息文字。

技术分析

制作折页背景主要运用了图层蒙版、复制图层、变换图像等技术，制作折页的主体图像时运用了填充图层和图层混合模式技术，折页的主体文字效果是使用文字变形和图层样式制作出来的。

制作步骤

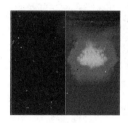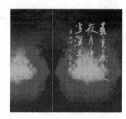

01 新建文档。执行菜单"文件"/"新建"命令（或按快捷键【Ctrl+N】），设置弹出的"新建"命令对话框，如图3-31所示，单击"确定"按钮，即可创建一个新的空白文档。

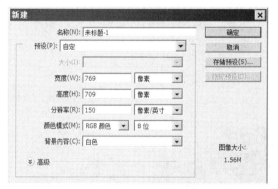

图3-31

02 设置前景色为黑色，按快捷键【Alt+Delete】用前景色填充"背景"图层，得到如图3-32所示的效果。

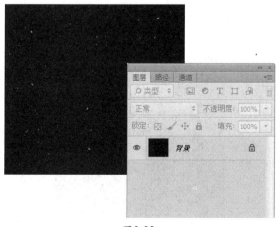

图3-32

03 在新建的文档中间，在垂直和水平方向上设置多条辅助线，用来表示折页的中心线和折页的出血范围，如图3-33所示。

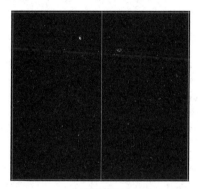

图3-33

04 打开图片。打开随书光盘中的"03/实例应用/素材1"图像文件，此时的图像效果和"图层"面板如图3-34所示。

图3-34

05 使用"移动工具"▶╂，将图像拖动到第一步新建的文件中，得到"图层1"，按快捷键【Ctrl+T】，调出自由变换控制框，变换图像到如图3-35所示的状态，按【Enter】键确认操作。

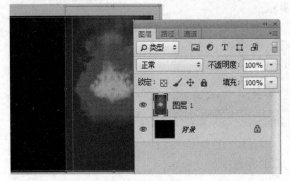

图3-35

06 选择"矩形选框工具"▭，在图像中绘制选区，按住【Alt】键单击"添加图层蒙版"按钮▢，为"图层1"添加图层蒙版，此时选区部分的图像就被隐藏起来了，如图3-36所示。

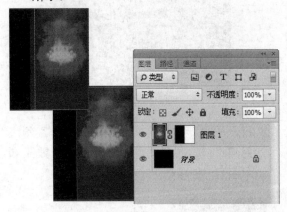

图3-36

07 打开图片。打开随书光盘中的"03/实例应用/素材2"图像文件，此时的图像效果和"图层"面板如图3-37所示。

图3-37

08 使用"移动工具"▶╂，将图像拖动到第一步新建的文件中，得到"图层2"，按快捷键【Ctrl+T】，调出自由变换控制框，变换图像到如图3-38所示的状态，按【Enter】键确认操作。

图3-38

09 选择"图层2"为当前操作图层，单击"添加图层蒙版"按钮▢，为"图层2"添加图层蒙版，设置前景色为黑色，使用"画笔工具"✐，设置适当的画笔大小和透明度后，在图层蒙版中涂抹，其涂抹状态如图3-39所示。

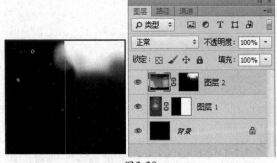

图3-39

10 涂抹图层蒙版后，"图层3"中的多余部分图像就被隐藏起来，此时的图像效果如图3-40所示。

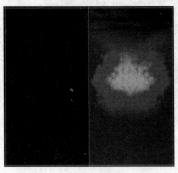

图3-40

11 选择"图层1"、"图层 2",将其拖到面板底部的"创建新图层"按钮 ▣ 上,复制选中的图层,按快捷键【Ctrl+T】,调出自由变换控制框。水平翻转、移动图像到如图3-41所示的状态,按【Enter】键确认操作。

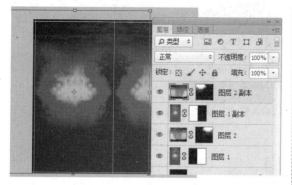

图3-41

12 打开图片。打开随书光盘中的"03/实例应用/素材 3"图像文件,此时的图像效果和"图层"面板如图3-42所示。

图3-42

13 使用"移动工具" ▸₊,将图像拖动到第一步新建的文件中,得到"图层 3",按快捷键【Ctrl+T】,调出自由变换控制框,变换图像到如图3-43所示的状态,按【Enter】键确认操作。

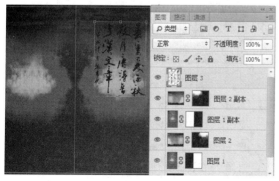

图3-43

14 选择"图层3",单击"锁定透明像素"按钮 ▣,设置前景色的颜色值为e6b500,按快捷键【Alt+Delete】用前景色填充"图层3",如图3-44所示。

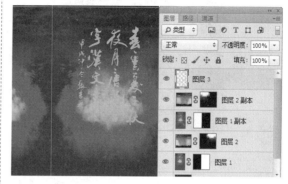

图3-44

15 更改图层混合模式。设置"图层3"的图层混合模式为"变亮"模式,图层不透明度为"22%",图像效果和"图层"面板如图3-45所示。

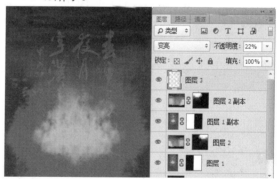

图3-45

16 选择"图层3"为当前操作图层,单击"添加图层蒙版" ▣ 按钮,为"图层3"添加图层蒙版,设置前景色为黑色,使用"画笔工具" ✐,设置适当的画笔大小和透明度后,在图层蒙版中涂抹,其涂抹状态如图3-46所示。

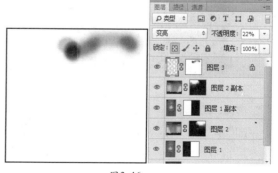

图3-46

17 涂抹图层蒙版后，"图层 3"中的多余部分背景图像就被隐藏起来，此时的图像效果如图3-47所示。

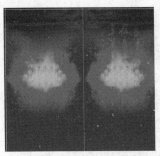

图3-47

18 打开图片。打开随书光盘中的"03/实例应用/素材 4"图像文件，此时的图像效果和"图层"面板如图3-48所示。

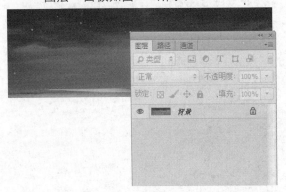

图3-48

19 使用"移动工具" ，将图像拖动到第一步新建的文件中，得到"图层 4"，按快捷键【Ctrl+T】，调出自由变换控制框，变换图像到如图3-49所示的状态，按【Enter】键确认操作。

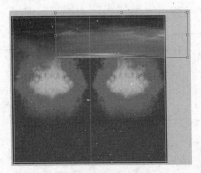

图3-49

20 选择"图层 4"为当前操作图层，单击"添加图层蒙版"按钮 ，为"图层 4"添加图层蒙版，设置前景色为黑色，使用"画笔工具" ，设置适当的画笔大小和透明度

后，在图层蒙版中涂抹，其涂抹状态如图3-50所示。

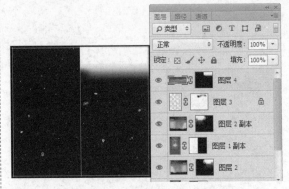

图3-50

21 涂抹图层蒙版后，"图层 4"中的多余部分图像就被隐藏起来，此时的图像效果如图3-51所示。

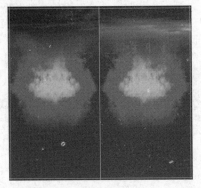

图3-51

22 打开图片。打开随书光盘中的"03/实例应用/素材 5"图像文件，此时的图像效果和"图层"面板如图3-52所示。

图3-52

23 使用"移动工具" ，将图像拖动到第一步新建的文件中，得到"图层 5"，按快捷键【Ctrl+T】，调出自由变换控制框，变换图像到如图3-53所示的状态，按【Enter】键确认操作。

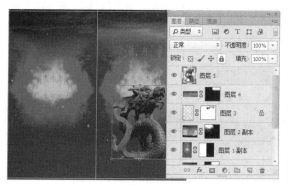

图3-53

图3-56

24 按住【Ctrl】键单击"图层 5"，载入其选区，单击"图层"面板下方的"创建新的填充或调整图层"按钮 ◎ ，在弹出的菜单中选择"渐变"命令，设置弹出的对话框，如图3-54所示。在对话框的编辑渐变颜色选择框中单击，可以弹出"渐变编辑器"对话框，在对话框中可以编辑渐变的颜色。

27 选择"矩形选框工具" □ ，在图像中绘制选区，设置前景色的颜色值为f60006，单击面板底部的"创建新图层"按钮 □ ，新建一个图层，得到"图层 6"，使用"渐变工具" □ ，设置渐变类型为"从前景色到透明"，在"图层6"中从下往上绘制渐变，此时的效果如图3-57所示。

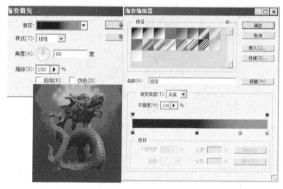

图3-54

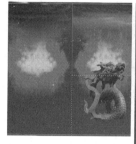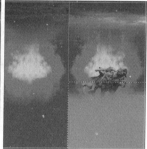

图3-57

25 设置完对话框后，单击"确定"按钮，得到图层"渐变填充 1"，此时的效果如图3-55所示。

28 更改图层混合模式。按快捷键【Ctrl+D】取消选区，设置"图层 6"的图层混合模式为"正片叠底"模式，图像效果和"图层"面板如图3-58所示。

图3-55

图3-58

26 更改图层混合模式。设置"渐变填充 1"图层的混合模式为"颜色"模式，图像效果和"图层"面板如图3-56所示。

29 打开图片。打开随书光盘中的"03/实例应用/素材 6"图像文件，此时的图像效果和"图层"面板如图3-59所示。

图3-59

图3-62

30 使用"移动工具" ，将图像拖动到第一步新建的文件中，得到"图层7"，按快捷键【Ctrl+T】，调出自由变换控制框，变换图像到如图3-60所示的状态，按【Enter】键确认操作。

33 更改图层混合模式。设置"渐变映射 1"图层的混合模式为"叠加"模式，图像效果和"图层"面板如图3-63所示。

图3-60

图3-63

31 单击"图层"面板下方的"创建新的填充或调整图层"按钮 ，在弹出的菜单中选择"渐变映射"命令，设置弹出的对话框，如图3-61所示。在对话框的编辑渐变颜色选择框中单击，可以弹出"渐变编辑器"对话框，在对话框中可以编辑渐变映射的颜色。

34 单击"图层"面板下方的"创建新图层"按钮 ，新建一个图层，得到"图层8"，设置前景色的颜色值为黑色，选择"画笔工具" ，设置适当的画笔大小和透明度后，在"图层8"中进行涂抹，得到如图3-64所示的效果。

图3-61

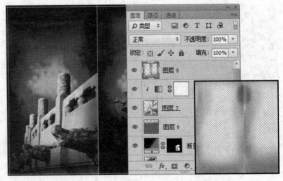

图3-64

32 设置完对话框后，单击"确定"按钮，得到图层"渐变映射1"，按快捷键，执行"创建剪贴蒙版"操作，此时的效果如图3-62所示。

35 打开图片。打开随书光盘中的"03/实例应用/素材 7"图像文件，此时的图像效果和"图层"面板如图3-65所示。

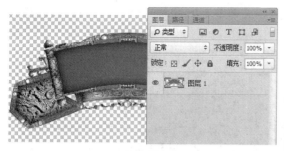

图3-65

36 使用"移动工具" ，将图像拖动到第一步新建的文件中，得到"图层9"，按快捷键【Ctrl+T】，调出自由变换控制框，变换图像到如图3-66所示的状态，按【Enter】键确认操作。

图3-66

37 选择"图层9"，单击"添加图层样式"按钮 *fx*，在弹出的菜单中选择"投影"命令，设置弹出的"投影"命令对话框后，单击"确定"按钮，即可为图像添加投影的效果，此时的图像如图3-67所示。

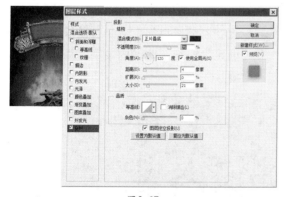

图3-67

38 设置前景色颜色值为ffc567，使用"横排文字工具" ，设置适当的字体和字号，在图像中输入主题文字，得到相应的文字图层，如图3-68所示。

图3-68

39 使用"文字工具" 选中输入的主题文字，单击工具选项栏中的"创建变形文字"按钮 ，设置弹出的对话框后，得到如图3-69所示的效果。

图3-69

40 选择图层"雄踞至尊"，单击"添加图层样式"按钮 *fx*，在弹出的菜单中选择"投影"命令，设置弹出的"投影"命令对话框后，得到如图3-70所示的效果。

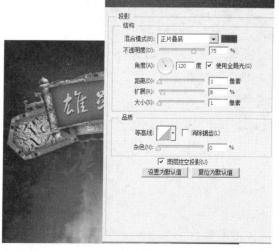

图3-70

41 继续选择"斜面和浮雕"、"等高线"、"描边"选项，在右侧的对话框中进行参数设置，具体设置如图3-71所示。

图3-71

42 设置完"图层样式"命令对话框后，单击"确定"按钮，即可得到如图3-72所示的效果。

图3-72

43 设置前景色为白色，使用"横排文字工具"，设置适当的字体和字号，在主题文字下方输入几行文字，得到相应的文字图层，如图3-73所示。

图3-73

44 设置前景色为白色，使用"横排文字工具"，设置适当的字体和字号，在折页

正面最下方输入两行文字，得到相应的文字图层，如图3-74所示。

图3-74

45 单击"添加图层样式"按钮，在弹出的菜单中选择"渐变叠加"命令，设置弹出的"渐变叠加"命令对话框，在对话框的编辑渐变颜色选择框中单击，可以弹出"渐变编辑器"对话框，在对话框中可以编辑渐变的颜色，如图3-75所示。

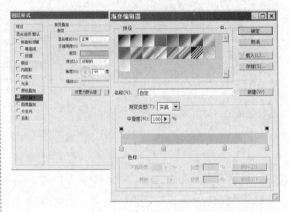

图3-75

46 设置完"渐变叠加"命令对话框后，单击"确定"按钮，此时的文字效果如图3-76所示。

图3-76

47 设置前景色的颜色值为ffcc89，使用"横排文字工具" T，设置适当的字体和字号，在折页背面输入文字，得到相应的文字图层，如图3-77所示。

图3-77

48 更改图层属性。设置文字"尚居"的图层混合模式为"叠加"模式，图层不透明度为"25%"，图像效果和"图层"面板如图3-78所示。

图3-78

49 设置前景色的颜色值为ffc567，使用"直排文字工具" T，设置适当的字体和字号，在折页背面左上角输入文字，得到相应的文字图层，如图3-79所示。

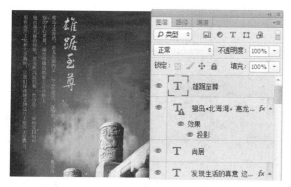

图3-79

50 选择折页背面左上角最左侧的大段小文字图层，单击"添加图层样式"按钮 fx，在弹出的菜单中选择"投影"命令，设置弹出的"投影"命令对话框后，单击"确定"按钮，即可为图像添加投影的效果，此时的图像如图3-80所示。

图3-80

51 最终效果。在折页正面的文字图层"雄踞至尊"的图层名称上右击，从弹出的菜单中选择"拷贝图层样式"命令，然后右击折页背面上文字图层"雄踞至尊"的图层名称，在弹出的菜单中选择"粘贴图层样式"命令，得到如图3-81所示的效果，图3-82为折页的效果图。

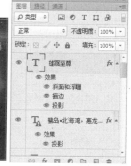

图3-81

图3-82

3.3 拓展训练：宣传折页延展设计 ———o

本例是以上一节制作好的折页背景和文字为基础，通过重新调整背景的颜色和更换新的主体图像，来制作地产广告折页的另外一种新的效果。

01 打开上一节制作好的折页文件，将文件中的"图层5"、"图层6"、"图层7"、"渐变填充1"、"渐变映射1"删除，此时的图像效果如图3-83所示。

图3-83

02 选择"图层4"为当前操作图层，单击"图层"面板下方的"创建新的填充或调整图层"按钮 ⊘，在弹出的菜单中选择"渐变"命令，设置弹出的对话框，如图3-84所示。在对话框的编辑渐变颜色选择框中单击，可以弹出"渐变编辑器"对话框，在对话框中可以编辑渐变的颜色。

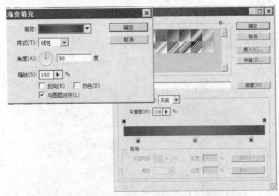

图3-84

03 设置完对话框后，单击"确定"按钮，得到图层"渐变填充1"，此时的效果如图3-85所示。

图3-85

04 更改图层混合模式。设置"渐变填充1"图层的混合模式为"颜色"模式，图像效果和"图层"面板如图3-86所示。

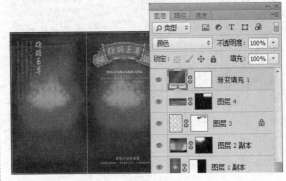

图3-86

05 打开图片。打开随书光盘中的"03/拓展训练/素材1"图像文件，此时的图像效果和"图层"面板如图3-87所示。

图3-87

06 使用"移动工具" ⊕，将图像拖动到第一步新建的文件中，得到"图层10"，按快捷键【Ctrl+T】，调出自由变换控制框，变换图像到如图3-88所示的状态，按【Enter】键确认操作。

图3-88

07 按住【Ctrl】键单击"图层10"，载入其选区，单击"图层"面板下方的"创建新的填充或调整图层"按钮，在弹出的菜单中选择"渐变"命令，设置弹出的对话框，如图3-89所示。在对话框的编辑渐变颜色选择框中单击，可以弹出"渐变编辑器"对话框，在对话框中可以编辑渐变的颜色。

图3-89

08 设置完对话框后，单击"确定"按钮，得到图层"渐变填充2"，此时的效果如图3-90所示。

图3-90

09 更改图层混合模式。设置"渐变填充2"图层的混合模式为"颜色"模式，图像效果和"图层"面板如图3-91所示。

图3-91

10 选择"矩形选框工具"，在图像中绘制选区，设置前景色的颜色值为663d82，单击面板底部的"创建新图层"按钮，新建一个图层，得到"图层11"，使用"渐变工具"，设置渐变类型为"从前景色到透明"，在"图层11"中从下往上绘制渐变，此时的效果如图3-92所示。

图3-92

11 更改图层混合模式。按快捷键【Ctrl+D】取消选区，设置"图层11"的图层混合模式为"正片叠底"，图像效果和"图层"面板如图3-93所示。

图3-93

12 打开图片。打开随书光盘中的"03/拓展训练/素材2"图像文件，此时的图像效果和"图层"面板如图3-94所示。

图3-94

13 使用"移动工具" ，将图像拖动到第一步新建的文件中，得到"图层 12"，按快捷键【Ctrl+T】，调出自由变换控制框，变换图像到如图3-95所示的状态，按【Enter】键确认操作。

图3-95

14 选择"矩形选框工具" ，在折页正面绘制矩形选框，按住【Alt】键单击"添加图层蒙版"按钮 ，为"图层 12"添加图层蒙版，此时选区部分的图像就被隐藏起来了，如图3-96所示。

图3-96

15 单击"图层"面板下方的"创建新的填充或调整图层"按钮 ，在弹出的菜单中选择"曲线"命令，设置弹出的对话框后，单击

"确定"按钮，得到图层"曲线 1"，按快捷组合键【Ctrl+Alt+G】，执行"创建剪贴蒙版"操作，此时的效果如图3-97所示。

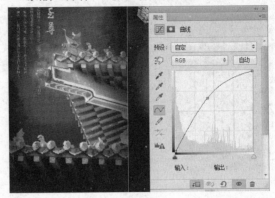

图3-97

16 单击"图层"面板下方的"创建新的填充或调整图层"按钮 ，在弹出的菜单中选择"渐变映射"命令，设置弹出的对话框，如图3-98所示。在对话框的编辑渐变颜色选择框中单击，可以弹出"渐变编辑器"对话框，在对话框中可以编辑渐变映射的颜色。

图3-98

17 设置完对话框后，单击"确定"按钮，得到图层"渐变映射 1"，按快捷组合键【Ctrl+Alt+G】，执行"创建剪贴蒙版"操作，设置图层混合模式为"叠加"，此时的效果如图3-99所示。

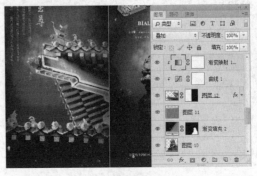

图3-99

18 选择"图层12",单击"添加图层样式"按钮 *fx*,在弹出的菜单中选择"外发光"命令,设置弹出的"外发光"命令对话框后,单击"确定"按钮,即可为图像添加外发光的效果,设置外发光的颜色值为ff26e3,此时的图像效果如图3-100所示。

如图3-101所示的效果,图3-102为折页的效果图。

图3-101

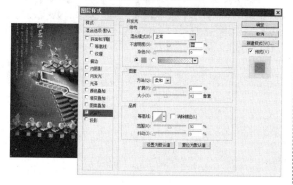

图3-100

19 最终效果。使用"文字工具" T,激活折页背面左上方的文字图层,重新编辑文字到

图3-102

3.4 课后练习

一、填空题

1. 在裁切图像时,按住_____键拖动,可选取正方形的裁切。

2. _____工具使将图像相似区域的清晰度提高,也就是增大像素之间的反差。

3. 在使用"将图层与选区对齐"命令时,一定要建立两个或两个以上的图层链接。若要使用_____命令时,要建立3个或更多的图层链接。

4. 使用标尺工具可以精确测量和定位对象。选择菜单"视图"/"标尺"命令或按快捷键_____。

5. 按住_____快捷组合键可以从中心选取正方形进行裁切。

二、问答题

1. 对图像进行变换有几种方式?

2. 渐变的类型有几个?分别是哪几个?

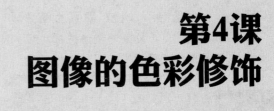

第4课
图像的色彩修饰

本课主要讲解如何快速方便地控制、调整图像的色彩和色调，包括色阶、自动对比度、曲线、自动颜色、色彩平衡、亮度/对比度、色相/饱和度、反相、色调均化等，只有有效地控制它们，才能制作出高质量的图像。

4.1 基础知识讲解

4.1.1 "色阶"和"自动色阶"命令

"色阶"调节命令允许用户通过调整图像的明暗度来改变图像的明暗及反差效果,调节图像的色调范围和色彩平衡。选择"图像"/"调节"/"色阶"命令,然后在"色阶"对话框中,利用滑块或输入数字的方式,调节输出及输入的色阶值即可,效果如图4-1~图4-3所示。

图4-1

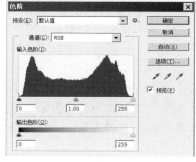
图4-2

图4-3

 提示

在"色阶"对话框中有一个"预览"复选框,选中可以预览调整后的效果,若对目前调整后的效果不满意,可以按下【Alt】键,则对话框中的"取消"按钮会变成"复位"按钮,单击后可以将对话框中的参数还原为原来的设置。

"自动色阶"命令可自动定义每个通道中最亮和最暗的像素为白和黑,然后按比例重新分配其间的像素值。该命令用来调整简单的灰阶图比较适合,其功能与"色阶"对话框中的"自动"按钮相同,效果如图4-4、图4-5所示。

图4-4

图4-5

4.1.2 "自动对比度"和"自动颜色"命令

选择"自动对比度"调节命令,可以自动调整图像亮部和暗部的对比度。它将图像中最暗的像素转换成黑色,将图像中最亮的像素转换成白色,使得高光区显得更亮,阴影区(即暗调区)显得更暗,从而增大图像的对比度。"自动对比度"命令对于色调丰富的图像相当有用,但对于色调单一的图像或色彩不丰富的图像几乎不起什么作用,如图4-6、图4-7所示。

"自动颜色"命令可以调节图像的色相、饱和度、亮度和对比度,但调节后的图像颜色会丢失一些数据,它是根据"自动颜色校正选项"对话框中的设置值将中间调均化,并修正白色和黑色的像素。下面是通过"自动颜色"命令调整的图像,如图4-8、图4-9所示。

图4-6   图4-7   图4-8   图4-9

4.1.3 "曲线"命令

"曲线"调节命令同"色阶"调节命令类似，都可以调整图像的整个色调范围，是一个应用非常广泛的色调调节命令。但不同的是，"色阶"命令只能调整亮调、暗调和中间灰度，而"曲线"命令却可以调节灰度"曲线"中任何一点。"曲线"调节命令是最好的色调调节工具，在实际运用中用得比较多。

通过调整曲线表格中的形状，即可调整图像的亮度、对比度和色彩等。首先在曲线上单击，然后按住鼠标左键拖曳即可改变曲线形状。图像为GRB模式时，当曲线向左上角弯曲；图像变亮，当曲线形状向右下角弯曲，图像色调变暗。用户单击曲线时所产生的点被称为节点，其值显示在下方的输入和输出栏中。

若多次单击曲线，可产生多个节点，要移动节点位置，可在选中该节点后用鼠标或键盘中的上、下、左、右4个方向键进行拖动；要同时选中多个节点，按下【Shift】键分别单击节点即可；要删除节点，只需在选中节点后将节点拖至坐标区域外即可，或按下【Ctrl】键后，单击要删除的节点。用曲线上控制点调整图像的效果，如图4-10～图4-12所示。

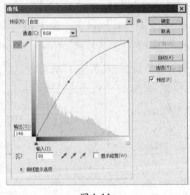

图4-10   图4-11   图4-12

4.1.4 "色彩平衡"命令

"色彩平衡"调节命令可以进行一般性的色彩校正，简单快捷地调节图像颜色构成，并混合各色彩达到平衡。若要精确调节图像中各色彩的成分，还需要用"曲线"命令或"色阶"命令调节。选择"图像"/"调整"/"色彩平衡"命令，或按下快捷键【Ctrl+B】，弹出"色彩平衡"对话框，如图4-13～图4-15所示为其应用效果。

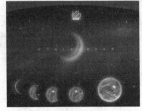
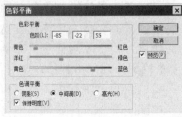

图4-13   图4-14   图4-15

4.1.5 "亮度/对比度"命令

"亮度/对比度"命令主要是用来调节图像的亮度和对比度，不能对单一通道做调节，而且也不能像色阶及曲线等功能那样对图像细调，所以只能很简单、直观地对图像粗调，特别对亮度/对比度差异相对不太大的图像，使用起来将比较方便，如图4-16～图4-18所示为其应用效果。

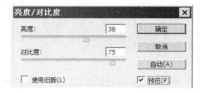

图4-16   图4-17   图4-18

> **提示**
>
> 当原始图像太亮或太暗时，还可以直接用亮度来调节，图像会整体变亮或变暗，而且在色阶上没有很明显的变化。

4.1.6 "色相/饱和度"命令

"色相/饱和度"命令主要用于改变图像像素的色相、饱和度和明度，还可以用来为像素定义新的色相和饱和度，实现灰度图像着色的功能，或创作单色调图像效果，应用比较广泛，如图4-19～图4-21所示为其应用效果。

图4-19   图4-20   图4-21

> **提示**
>
> 位图和灰度模式的图像不能使用"色相/饱和度"命令，使用前必须先将其转化为RGB模式或其他色彩模式。

4.1.7 "反相"和"色调均化"命令

选择"反相"命令可以将图像的颜色反转，进行颜色的互补。可以用该命令将一张正片黑白图片转换为负片，或者将一张扫描的黑白负片转换为正片。

"反相"调整命令可以单独对层、通道、选取范围或者整个图像进行调整，只要选择"图像"/"调整"/"反相"命令即可，或者使用快捷键【Ctrl+I】，若连续两次选择"反相"命令，则图像将被还原为最初的图像。选择"反相"命令后的图像效果如图4-22、图4-23所示。

"色调均化"命令可以重新分配图像像素的亮度值，能使它们更均匀地表现所有的亮度级别。在应用这一命令时，Photoshop会将图像中最暗的像素填充上黑色，将图像中最亮的像素填充为白色，然后将亮度值进行均化，让其他颜色平均分布到所有的色阶上，图4-24、图4-25所示为其应用效果。

图4-22   图4-23   图4-24   图4-25

4.1.8 "黑白"命令

"黑白"命令是Photoshop CC新增加的一种色调调节命令，选中对话框中的"色调"复选项，调节色相、饱和度，可以让黑白图像附加所选颜色，让图片由黑白变得更丰富、漂亮，突出艺术感，图4-26～图4-28所示为其应用效果。

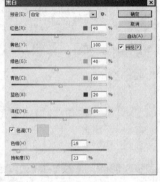

图4-26   图4-27   图4-28

4.1.9 "曝光度"命令

"曝光度"命令也是Photoshop CC新增加的一种色调控制命令，专门针对相片曝光过度或不足而进行调节，图4-29～图4-31所示为其应用效果。

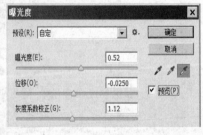

图4-29   图4-30   图4-31

 实例应用：

⊙ 光盘
04/实例应用/环保公益广告设计作.PSD

「环保公益广告设计」

实例目标

本例使用了"钢笔工具"、"移动工具"、"仿制图章工具"等绘制出画面的整体效果。

技术分析

此广告以玻璃瓶为主体物，结合使用干裂的土地和海水的图像体现出水资源的珍贵，使用"钢笔工具"结合"通道"面板抠出玻璃瓶的透明质感，使用"移动工具"和"曲线"等调色命令绘制出画面的背景效果。

制作步骤

01 执行菜单"文件"/"新建"命令（或按【Ctrl+N】快捷键），设置弹出的"新建"命令对话框，单击"确定"按钮，即可创建一个新的空白文档，如图4-32所示。

图4-32

02 执行"文件"/"打开"命令，在弹出的"打开"对话框中选择"素材1"文件，单击"打开"按钮，如图4-33所示。

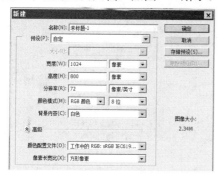

图4-33

03 使用"移动工具" ，将图像拖动到第一步新建的文件中，在"图层"面板中得到"图层1"，如图4-34所示。

04 按【Ctrl+T】快捷键，调出自由变换选框，按住【Shift】键，拖动选框边缘的锚点，调整图像大小到如图4-35所示的状态，按【Enter】键确认变换操作。

图4-34

图4-35

05 使用"矩形选框工具" ，在天空位置绘制一个长方形，按【Ctrl+T】快捷键，调出自由变换选框，按住【Shift】键，拖动选框上方中间的锚点，调整图像大小到如图4-36所示的状态，将天空图像撑满画面，按【Enter】键确认变换操作。

图4-36

06 执行"文件"/"打开"命令，在弹出的"打开"对话框中选择"素材1"文件，单击"打开"按钮，如图4-37所示。

图4-37

07 使用"移动工具"，将"素材2"文件拖至第一步新建的文件中，得到"图层 2"，按【Ctrl+T】快捷键，调出自由变换选框，按住【Shift】键，拖动选框边缘的锚点，调整图像大小到如图4-38所示的状态，按【Enter】键确认变换操作。

图4-38

08 在"图层"面板中选择"图层2"，单击"图层"面板上方的"图层混合模式"选项，在弹出的菜单中选择"滤色"效果，如图4-39所示。

图4-39

09 选择"钢笔工具"，在工具选项栏中单击"路径"按钮，在文件中间绘制一条路径，得到"工作路径"，如图4-40所示。

图4-40

10 单击"图层"面板下方的"创建新的填充或调整图层"按钮，在弹出的菜单中选择"曲线"命令，然后在弹出的对话框中设置合适的参数，得到"曲线1"图层，如图4-41所示。

图4-41

11 在"图层"面板中选中"曲线1"的图层蒙版缩览图，将前景色设置为黑色，使用"画笔工具"，在工具选项栏中设置合适的参数，在画面中土地的位置涂抹，将其隐藏，如图4-42所示。

图4-42

12 执行"文件"/"打开"命令，在弹出的"打开"对话框中选择"素材1"文件，单击"打开"按钮，如图4-43所示。

图4-43

13 使用"移动工具" ，将"素材3"拖至第一步新建的文件中，得到"图层3"，按【Ctrl+T】快捷键，调出自由变换选框，按住【Shift】键，拖动选框边缘的锚点，调整图像的大小到如图4-44所示的状态，按【Enter】键确认变换操作。

图4-44

14 在"图层"面板中单击图层前面的"指示图层可见性"图标 ，将其隐藏，只显示"图层3"，如图4-45所示。

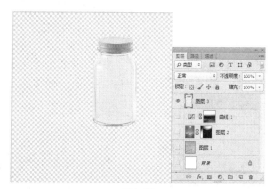

图4-45

15 使用"钢笔工具" ，沿着画面瓶子的边缘绘制一条路径，在"路径"面板得到"工作路径"，如图4-46所示。

图4-46

16 调出"图层"面板，选中"图层3"，按【Ctrl+Enter】快捷键，将路径转换为选区。按【Ctrl+Shift+I】快捷组合键，将选区反选，按【Delete】键，将其删除，如图4-47所示。

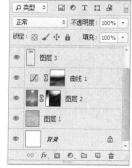

图4-47

17 调出"图层"面板，选中"红"通道，将其拖动到"创建新通道" 按钮上方，得到"红副本"，按【Ctrl+I】快捷键，将画面反选，如图4-48所示。

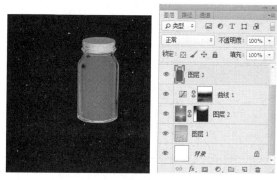

图4-48

18 按【Ctrl+L】快捷键，调出"色阶"对话框，设置合适的参数，单击"确定"按钮，如图4-49所示。

图4-49

19 按住【Ctrl】键，在"红副本"的通道缩览图上方单击，载入选区。调出"图层"面板，选中"图层3"，按【Ctrl+J】快捷键，复制图层，得到"图层4"，按【Ctrl+D】快捷键，取消选区。如图4-50所示。然后设置合适的参数，单击"确定"按钮。

图4-50

20 调出"通道"面板，选中"红"通道，将其拖动到"创建新通道"按钮上方，得到"红副本2"，如图4-51所示。

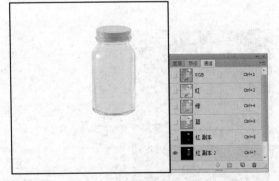

图4-51

21 按【Ctrl+I】快捷键，将画面反选，按【Ctrl+L】快捷键，调出"色阶"对话框，设置合适的参数，单击"确定"按钮，如图4-52所示。

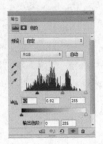

图4-52

22 按住【Ctrl】键，在"红副本2"的通道缩览图上方单击，载入选区。调出"图层"面板，选中"图层3"，按【Ctrl+J】快捷键，复制图层，得到"图层5"，按【Ctrl+D】快捷键，取消选区，如图4-53所示。

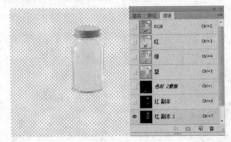

图4-53

23 调出"通道"面板，选中"绿"通道，将其拖动到"创建新通道"按钮上方，得到"绿副本"，如图4-54所示。

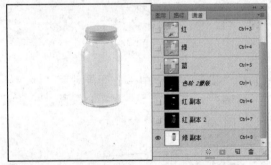

图4-54

24 按【Ctrl+L】快捷键，调出"色阶"对话框，设置合适的参数，单击"确定"按钮，如图4-55所示。

图4-55

25 按住【Ctrl】键，在"绿副本"的通道缩览图上方单击，载入选区。调出"图层"面板，选中"图层3"，按【Ctrl+J】快捷键，复制图层，得到"图层6"，按【Ctrl+D】快捷键，取消选区，再将"图层3"隐藏，如图4-56所示。

图4-56

26 在"图层"面板中单击图层前面的"指示图层可见性"图标👁，将所有图层显示，只隐藏"图层3"，如图4-57所示。

图4-57

27 使用"钢笔工具"✒，沿着画面瓶盖图像的下方边缘位置绘制一条路径，调出"路径"面板，得到"路径1"，如图4-58所示。

图4-58

28 按【Ctrl+Enter】快捷键，将路径转换为选区，调出"图层"面板，选中"图层3"，按【Ctrl+J】快捷键，复制图层，得到"图层7"，按【Ctrl+Shift+】】快捷组合键，将图层置于顶层，如图4-59所示。

图4-59

29 按住【Ctrl】键，在"图层3"的图层缩览图上方单击，载入选区。单击"图层"面板下方的"创建新的填充或调整图层"按钮◐，在弹出的菜单中选择"色阶"命令，然后在弹出的对话框中设置合适的参数，得到"色阶1"，如图4-60所示。

图4-60

30 在"图层"面板中选中"图层3"，将其拖动到"创建新图层"按钮🖿上方，得到"图层3副本"，按【Ctrl+T】快捷键，调出自由变换选框，调整图像大小到如图4-61所示的状态，按【Enter】键确认变换操作。

图4-61

31 使用"钢笔工具"✒，沿着画面中倾斜的瓶子边缘绘制一条路径，开始绘制游泳池的边缘，在"路径"面板得到"路径2"，如图4-62所示。

图4-62

32 按【Ctrl+Enter】快捷键，将路径转换为选区。单击"创建新图层"按钮■，得到"图层8"，将前景色设置为白色，按【Alt+Delete】快捷键，填充前景色，按【Ctrl+D】快捷键，取消选区，如图4-63所示。

图4-63

33 使用"钢笔工具"■，沿着前面绘制的图形边缘位置绘制一条路径，绘制出游泳池的侧面图形，得到"路径3"，如图4-64所示。

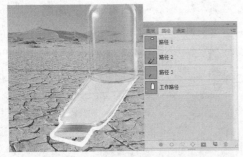

图4-64

34 按【Ctrl+Enter】快捷键，将路径转换为选区。单击"创建新图层"按钮■，得到"图层9"，将前景色设置为粉色，按【Alt+Delete】快捷键，填充前景色，按【Ctrl+D】快捷键，取消选区，按【Ctrl+[】快捷键，向下调整图像层次，如图4-65所示。

图4-65

35 使用"钢笔工具"■，沿着前面绘制的图形边缘位置绘制一条路径，绘制出游泳池的侧面图形，得到"路径4"，如图4-66所示。

图4-66

36 按【Ctrl+Enter】快捷键，将路径转换为选区。单击"创建新图层"按钮■，得到"图层10"，将前景色设置为粉色，按【Alt+Delete】快捷键，填充前景色，按【Ctrl+D】快捷键，取消选区，如图4-67所示。

图4-67

37 使用"钢笔工具"■，沿着前面绘制的图形边缘位置绘制一条路径，绘制出游泳池的侧面图形，得到"路径5"，如图4-68所示。

图4-68

38 按【Ctrl+Enter】快捷键，将路径转换为选区。单击"创建新图层"按钮，得到"图层11"，将前景色设置为灰色，按【Alt+Delete】快捷键，填充前景色，按【Ctrl+D】快捷键，取消选区，如图4-69所示。

图4-69

39 在"图层"面板中双击"图层11"，弹出"图层样式"对话框，选择"投影"选项，设置合适的参数，单击"确定"按钮，如图4-70所示。

图4-70

40 在"图层"面板中选中"图层10"，将其拖动到"创建新图层"按钮上方，得到"图层10副本"，将其图层混合模式设置为"正片叠底"，使用"移动工具"，将其轻微向下移动，如图4-71所示。

图4-71

41 在"图层"面板中选中"图层9"将其拖动到"创建新图层"按钮上方，得到"图层

9副本"，将图层混合模式设置为"正片叠底"，使用"移动工具"，将其轻微向下移动，如图4-72所示。

图4-72

42 执行"文件"/"打开"命令，在弹出的"打开"对话框中选择"素材4"文件，单击"打开"按钮，如图4-73所示。

图4-73

43 使用"移动工具"，将"素材4"拖至第一步新建的文件中，得到"图层12"，按【Ctrl+T】快捷键，调出自由变换选框，按住【Shift】键，拖动选框边缘的锚点，调整图像大小到如图4-74所示的状态，按【Enter】键确认变换操作。

图4-74

44 使用"钢笔工具"，沿着前面绘制的图形边缘位置绘制一条路径，沿游泳池的内侧绘制一条路径，得到"路径6"，如图4-75所示。

图4-75

45 调出"图层"面板，选中"图层12"，按【Ctrl+Enter】快捷键，将路径转换为选区。按【Ctrl+J】快捷键，复制图层，得到"图层13"，如图4-76所示。

图4-76

46 在"图层"面板中选中"图层12"，将其拖动到面板下方的"删除图层"按钮 上方，如图4-77所示。

图4-77

47 按住【Ctrl】键，在"图层13"的图层缩览图上方单击，载入选区，单击"图层"面板下方的"创建新的填充或调整图层"按钮 ，在弹出的菜单中选择"曲线"命令，然后在弹出的对话框中设置合适的参数，得到"曲线2"，如图4-78所示。

图4-78

48 执行"文件"/"打开"命令，在弹出的"打开"对话框中选择"素材5"文件，单击"打开"按钮，如图4-79所示。

图4-79

49 使用"移动工具" ，将"素材5"拖至第一步新建的文件中，得到"图层14"，按【Ctrl+T】快捷键，调出自由变换选框，按住【Shift】键，拖动选框边缘的锚点，调整图像大小到如图4-80所示的状态，按【Enter】键确认变换操作。

图4-80

50 选中"图层14"，单击"图层"面板下方的"添加图层蒙版"按钮 ，将前景色设置为黑色，使用"画笔工具" ，在工具选项栏中设置合适的参数，在画面中大海的位置涂抹，将其隐藏，如图4-81所示。

图4-81

4.3 拓展训练：红颜美体广告

本广告实例使用了"钢笔工具"、"画笔工具"、"渐变工具"、"文字工具"等多种工具和"图层混合模式"、"添加杂色"、"图层样式"、"图层蒙版"等多种操作命令完成了画面的整体效果。

01 新建文档。执行菜单"文件"/"新建"命令（或按【Ctrl+N】快捷键），设置弹出的"新建"命令对话框，如图4-82所示，单击"确定"按钮，即可创建一个新的空白文档。

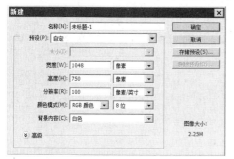

图4-82

02 设置前景色为（R：134，G：116，B：104），按快捷键【Alt+Delete】对"背景"图层进行填充，其效果如图4-83所示。

图4-83

03 设置前景色为（R：219，G：210，B：195），新建一个图层，得到"图层1"，选择"画笔工具"，设置适当的画笔大小和透明度后，在"图层1"的中间进行涂抹，其涂抹状态如图4-84所示。

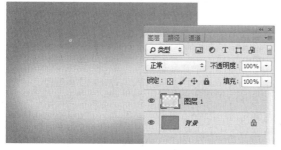

图4-84

04 执行菜单栏中的"滤镜"/"杂色"/"添加杂色"命令，设置弹出的对话框，然后单击"确定"按钮，得到如图4-85所示的效果。

图4-85

05 单击工具栏上的"渐变工具"，再单击操作面板左上角的"渐变工具条"，弹出"渐变编辑器"，设置弹出的对话框，如图4-86所示。

图4-86

06 设置完对话框后，单击"确定"按钮，新建图层，生成"图层3"图层，选择"线性渐变工具"，在"图层3"中拖动鼠标，得到如图4-87所示的效果。

图4-87

07 单击工具栏上的"渐变工具" ▣，再单击操作面板左上角的"渐变工具条"，弹出"渐变编辑器"，设置弹出的对话框，颜色为从黑色到透明，如图4-88所示。

图4-88

08 设置完对话框后，单击"确定"按钮，新建图层，生成"图层4"，选择"线性渐变工具" ▣，在"图层4"中拖动鼠标，得到如图4-89所示的效果。

图4-89

09 设置前景色为（R：158，G：150，B：140），新建一个图层，得到"图层5"，选择"画笔工具" ✐，设置适当的画笔大小和透明度后，在"图层5"的中间进行涂抹，其涂抹状态如图4-90所示。

图4-90

10 设置前景色为（R：164，G：155，B：143），新建一个图层，得到"图层6"，选择"画笔工具" ✐，设置适当的画笔大小和透明度后，在"图层6"的中间进行涂抹，其涂抹状态如图4-91所示。

图4-91

11 设置前景色颜色值为黑色，使用"横排文字工具" T，设置适当的字体和字号，输入文字"颜"，得到相应的文字图层，如图4-92所示。

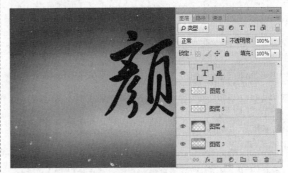

图4-92

12 单击"添加图层样式"按钮 fx，在弹出的菜单中分别选择"描边"命令，在弹出的对话框中，对其进行如图4-93所示的设置。

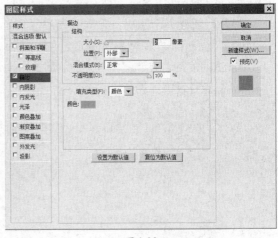

图4-93

13 设置完对话框后，单击"确定"按钮，得到如图4-94所示的效果，使文字具有了描边的效果。

图4-94

14 打开配套光盘中的"素材1"文件，是一欧式花纹的素材图片，如图4-95所示。

图4-95

15 使用"移动工具" ，将图像拖动到步骤一新建的文件中，生成"图层1"，按快捷键【Ctrl+T】，调出自由变换控制框，缩小选框得到如图4-96所示的状态，按【Enter】键确认操作。

图4-96

16 按【Ctrl+Alt+G】快捷组合键，为"图层7"添加"图层剪切蒙版"，得到如图4-97所示的效果。

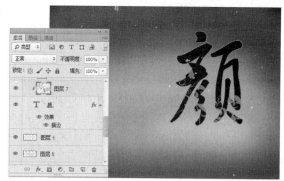

图4-97

17 按【Ctrl+Alt+T】快捷组合键，进行复制变换操作，调出自由变换选框，向下移动选框到如图4-98所示的位置，然后按【Enter】键确认操作。

图4-98

18 打开配套光盘中的"素材2"文件，是一个女人跳舞的素材图片，如图4-99所示。

图4-99

19 使用"移动工具" ，将图像拖动到步骤一新建的文件中，生成"图层8"，按快捷键【Ctrl+T】，调出自由变换控制框，缩小选框得到如图4-100所示的状态，按【Enter】键确认操作。

图4-100

20 单击"图层"面板底部的"添加图层样式"按钮 *fx*，在弹出的下拉菜单中选择"投影"命令，设置弹出的"投影"面板，如图4-101所示。

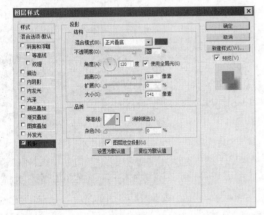

图4-101

21 设置完"阴影"面板后，单击"确定"按钮，即可为"图层8"中的图形添加投影的效果，如图4-102所示。

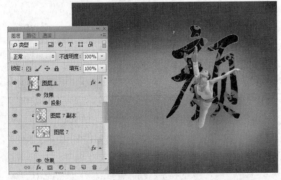

图4-102

22 单击"图层"面板下方的"创建新的填充或调整图层"按钮，在弹出的菜单中选择"色阶"命令，设置弹出的对话框。按快捷组合键【Ctrl+Alt+G】，执行"创建剪切蒙版"操作，得到"色阶1"图层，可以看到"图层8"调整完后的效果如图4-103所示。

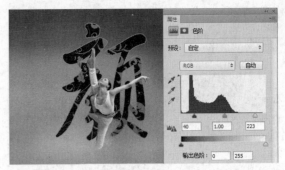

图4-103

23 单击"图层"面板下方的"创建新的填充或调整图层"按钮，在弹出的菜单中选择"色阶"命令，设置弹出的对话框。按快捷组合键【Ctrl+Alt+G】，执行"创建剪切蒙版"操作，得到"色相/饱和度 1"图层，可以看到"图层8"调整完后的效果如图4-104所示。

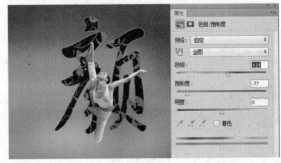

图4-104

24 单击"图层"面板下方的"创建新的填充或调整图层"按钮，在弹出的菜单中选择"通道混合器"命令，设置弹出的对话框，如图4-105所示。

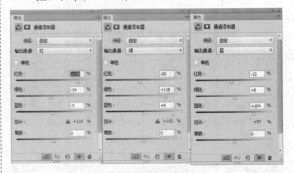

图4-105

25 设置完"通道混合器"命令后，按快捷组合键【Ctrl+Alt+G】，执行"创建剪切蒙版"操作，得到"通道混合器1"图层，可以看到"图层8"调整完后的效果如图4-106所示。

图4-106

26 单击"通道混合器1",按住【Shift】键单击"图层8",已将其中间的图层都选中,按【Ctrl+Alt+E】快捷组合键执行"盖印"操作,得到"通道混合器1(合并)"图层,如图4-107所示。

图4-107

27 按【Ctrl+T】快捷键,调出自由变换选框,单击右键,在弹出的菜单中选择"垂直翻转"命令,然后移动到如图4-108所示的位置,然后按【Enter】键确认操作。

图4-108

28 单击"添加图层蒙版"按钮 ,为"组1副本2(合并)"添加图层蒙版,使用"渐变工具" 选择由黑到白的渐变,在图层中从下向上拖动鼠标,其蒙版状态和"图层"面板如图4-109所示。

图4-109

29 按住【Shift】键不放,单击"通道混合器1(合并)"图层和"颜"图层。按【Ctrl+G】快捷键执行"图层编组"操作,得到"组1",其图层面板状态如图4-110所示。

 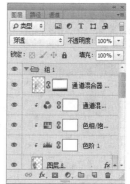

图4-110

30 使"图层6"呈操作状态,新建图层,生成"图层9",使用"矩形选框工具" 在如图4-111所示的位置绘制一个矩形选区。

图4-111

31 设置前景色为白色,按快捷键【Alt+Delete】对"图层9"图层进行填充,得到如图4-112所示的状态,然后按【Ctrl+D】快捷键,取消选区。

图4-112

32 单击"添加图层蒙版"按钮 ▣，为"图层 3"添加图层蒙版，设置前景色为黑色，使用"画笔工具" ✎，设置适当的画笔大小和透明度后，在图层蒙版中涂抹，其涂抹状态和"图层"面板如图4-113所示。

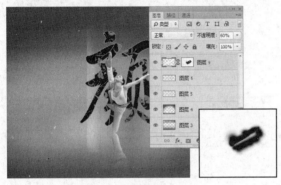

图4-113

33 按【Ctrl+T】快捷键，调出自由变换选框，旋转缩小到如图4-114所示的状态，然后按【Enter】键确认操作。

图4-114

34 按【Ctrl+Alt+T】快捷组合键，进行复制变换操作，调出自由变换选框，旋转到如图4-115所示的位置。然后按【Enter】键确认操作。

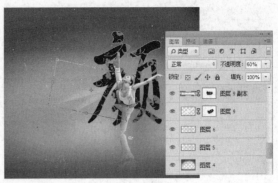

图4-115

35 按【Ctrl+Alt+Shift+T】快捷组合键，执行"重复变换"操作，得到如图4-116所示的效果。

图4-116

36 按【Ctrl+Alt+T】快捷组合键，进行复制变换操作，调出自由变换选框，旋转到如图4-117所示的位置，然后按【Enter】键确认操作。

图4-117

37 按【Ctrl+Alt+T】快捷组合键，进行复制变换操作，调出自由变换选框，旋转到如图4-118所示的位置。然后按【Enter】键确认操作。

图4-118

38 按【Ctrl+Alt+Shift+T】快捷组合键数次，执行"重复变换"操作，得到如图4-119所示的效果。

图4-119

39 依照上边的方法继续调整复制变换图像，使图像最终呈现如图4-120所示的样式。

图4-120

40 按住【Shift】键不放，单击"图层9 副本16"图层和"图层9"图层。按【Ctrl+G】键执行"图层编组"操作，得到"组2"，其"图层"面板状态如图4-121所示。

41 在"图层"面板顶部，设置"组2"图层的不透明度为58%，其效果如图4-122所示。

42 打开配套光盘中的"素材3"文件，是一束国画的梅花的素材图片，如图4-123所示。

图4-121

图4-122

图4-123

43 使用"移动工具"，将图像拖动到步骤一新建的文件中，生成"图层10"，按快捷键【Ctrl+T】，调出自由变换控制框，缩小选框得到如图4-124所示的状态，按【Enter】键确认操作。

图4-124

44 打开配套光盘中的"素材4"文件,是一组
飘落的梅花瓣的素材图片,如图4-125所示。

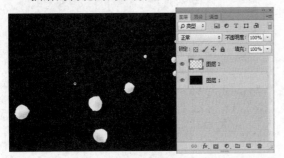

图4-125

45 使用"移动工具" ，将图像拖动到步骤一
新建的文件中,生成"图层11",按快捷键
【Ctrl+T】,调出自由变换控制框,缩小选
框得到如图4-126所示的状态,按【Enter】
键确认操作。

图4-126

46 设置前景色颜色值为黑色,使用"横排文字
工具" ，设置适当的字体和字号,输入
文字"红",得到相应的文字图层,如图
4-127所示。

图4-127

47 设置前景色颜色值为黑色,使用"横排文字
工具" ，设置适当的字体和字号,输入
文字"红",得到相应的文字图层,如图
4-128所示。

图4-128

48 打开配套光盘中的"素材5"文件,是
一个黑色的欧式花纹的素材图片,如图
4-129所示。

图4-129

49 使用"移动工具" ，将图像拖动到步骤
一新建的文件中,生成"图层12",按快
捷键【Ctrl+T】,调出自由变换控制框,缩
小旋转选框得到如图4-130所示的状态,按
【Enter】键确认操作。

图4-130

50 按住【Shift】键不放,单击"图层12"和
"红"图层。按【Ctrl+E】快捷键,执行
"合并图层"操作,得到"图层12",其
"图层"面板状态如图4-131所示。

图4-131

51 单击"图层"面板底部的"添加图层样式"
按钮 *fx*，在弹出的下拉菜单中选择"描边"
命令，设置弹出的"描边"面板，如图
4-132所示。

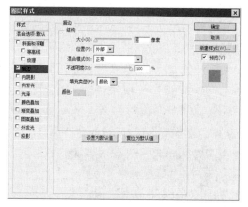

图4-132

52 设置完"描边"面板后，单击"确定"按
钮，即可为"图层12"中的图形添加描边
的效果，如图4-133所示。

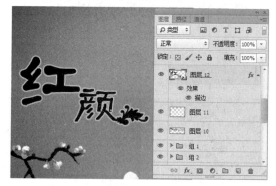

图4-133

53 新建图层，生成"图层13"，按
【Ctrl+Alt+G】快捷组合键，执行"图层
剪切蒙版"操作，单击工具条的"渐变工
具" ■，再单击操作面板左上角的"渐变工
具条"，弹出"渐变编辑器"对话框，设
置弹出的对话框，如图4-134所示。

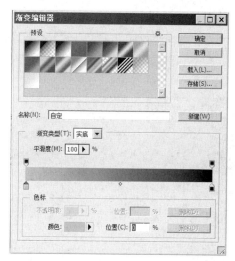

图4-134

54 设置完对话框后，单击"确定"按钮，选择
"径向渐变工具" ■，在"图层13"中从
文字的中心拖动鼠标，得到如图4-135所示
的效果。

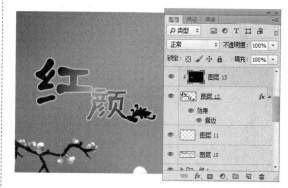

图4-135

55 设置前景色为（R：158，G：21，B：
21），选择"画笔工具" ✎，设置适当的
画笔大小和透明度后，在"图层13"上涂
抹，其涂抹状态如图-136所示。

56 设置前景色为（R：37，G：125，B：
62），选择"画笔工具" ✎，设置适当的
画笔大小和透明度后，在"图层13"上涂
抹，其涂抹状态如图4-137所示。

图4-136　　　　　　　图4-137

57 设置前景色为（R：136，G：119，B：51），选择"画笔工具"，设置适当的画笔大小和透明度后，在"图层13"上涂抹，其涂抹状态如图4-138所示。

图4-138

58 设置前景色颜色值为黑色，使用"横排文字工具"，设置适当的字体和字号，输入文字，得到相应的文字图层，如图4-139所示。

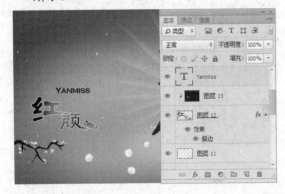

图4-139

59 设置前景色颜色值为黑色，使用"横排文字工具"，设置适当的字体和字号，输入文字，得到相应的文字图层，如图4-140所示。

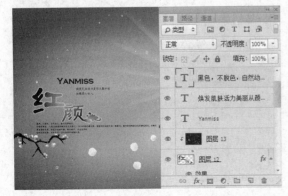

图4-140

60 选择"画笔工具"，在画布中单击右键，单击弹出的画笔类型选择框的下拉按钮，在弹出的菜单中选择"书法画笔"，选择下图所示的60号画笔。新建图层生成"图层14"，调整好适当的画笔大小和透明度，在如图4-141所示的位置进行绘制。

图4-141

61 在画布中单击右键，单击弹出的画笔类型选择框的下拉按钮，在弹出的菜单中选择"复位画笔"，选择下图所示的19号画笔。使"组2"呈操作状态，新建图层生成"图层15"，调整好适当的画笔大小和透明度，在如图4-142所示的位置进行绘制。

图4-142

62 进行过以上步骤的操作后，得到本例的最后效果如图4-143所示。

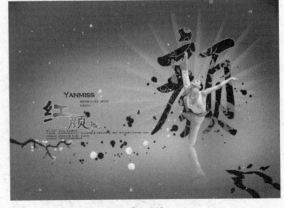

图4-143

一、选择题

1. 哪种模式的图像不能应用"去色"调整命令？（ ）
   A．RGB模式   B．CMYK模式
   C．灰度模式   D．Lab模式

2. 下列不属于色彩三属性之一的是什么？（ ）
   A．色相   B．饱和度
   C．曲线   D．亮度

3. 下面哪个命令可以将彩色图片转换为灰度图片？（ ）
   A．色相/饱和度   B．去色
   C．反相   D．可选颜色

二、问答题

1. "曲线"调整命令同"色阶"调整命令的区别是什么？

2. 黑白和曝光度如何应用？

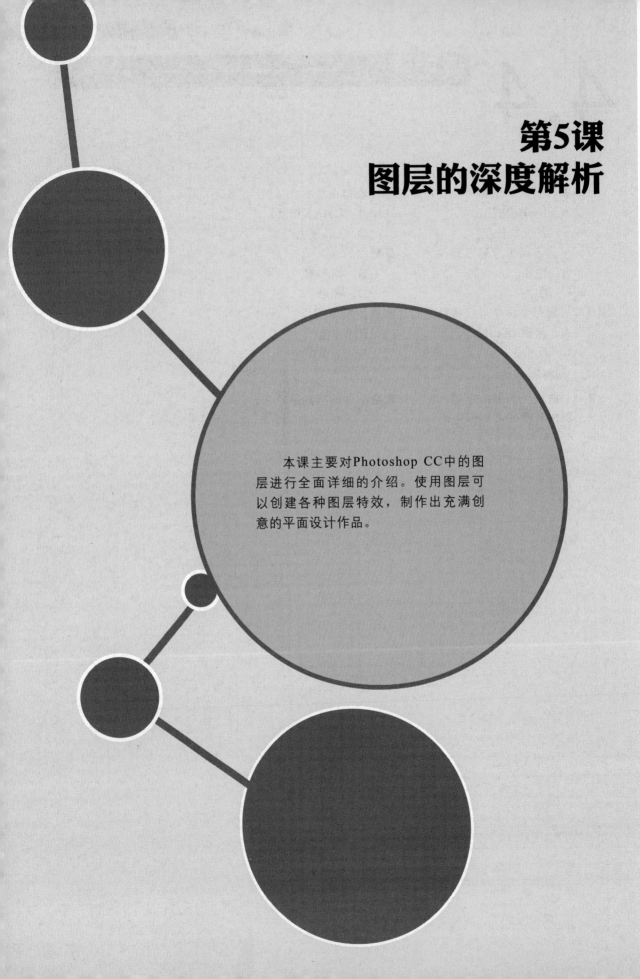

第5课
图层的深度解析

本课主要对Photoshop CC中的图层进行全面详细的介绍。使用图层可以创建各种图层特效，制作出充满创意的平面设计作品。

5.1 基础知识讲解

5.1.1 "图层"面板与菜单

"图层"面板

在Photoshop CC中，"图层"面板是进行图像编辑必不可少的工具，用于显示当前图像的所有图层信息。通过"图层"面板，可以调节图层的叠放顺序、图层的"不透明度"及图层的"混合模式"等参数。"图层"菜单与"图层"面板作用相同。

在菜单栏中选择"窗口"/"图层"命令或按【F7】键，都会弹出"图层"面板，如图5-1所示。

"图层"菜单

在图层的操作过程中，一般较常用的命令都可以通过"图层"菜单完成。选择菜单"图层"即可弹出下拉菜单，其菜单中有的命令后面带有小三角，表示有下一级的子菜单，如图5-2所示。

图5-1　　　　　　　　　　　　　　图5-2

5.1.2 图层的新建、复制与删除

在编辑图像时需要建立新图层，建立新图层的方法有两种，如下所述。

方法1：在菜单栏中选择"图层"/"新建"/"图层"命令，如图5-3所示。在弹出的对话框中，输入新建图层的名称，如图5-4所示。

方法2：在"图层"面板的底部单击按钮，在"图层"面板中会自动新建图层，如图5-5所示。使用快捷组合键【Ctrl+Shift+N】，也可以新建图层。

图5-3　　　　　　　　　　　图5-4　　　　　　　　　　图5-5

复制图层

Photoshop提供了多种图层的处理方式，可以复制同一图像内的任何图层，也可以将一个图像中的图层复制到另外一个文件中，用户可以使用以下方法进行图形的操作。

方法1：在菜单栏中选择"图层"/"复制图层"命令，在弹出的对话框中输入名称后，单击"确定"按钮即可。

方法2：单击"图层"面板右上角的小三角按钮，从弹出的下拉菜单中选择"复制图层"命令，在弹出的对话框中输入名称后，单击"确定"按钮，复制图层后的"图层"面板上会出现该层的复制图层。

方法3：直接将要复制的图层用鼠标拖到"创建新图层"按钮上，"图层"面板上也会出现该层的复制图层。

删除图层

当某个图层不再需要时，可以将其删除，从而减小文件的大小，加快文件的操作速度。删除图层的方法如下。

方法1：选择菜单栏中的"图层"/"删除"/"图层"命令，在弹出的对话框中单击"是"按钮即可删除。

方法2：单击"图层"面板右上角的小三角按钮，在弹出的下拉菜单中选择"删除图层"命令。

方法3：直接在"图层"面板中用鼠标将图层拖到"图层"面板下方的 🗑 按钮上。

▌5.1.3　图层的链接

图层的链接

想要对几个图层同时进行移动、旋转、自由变形等操作时，可以链接图层，方法如下。

方法1：在"图层"面板中单击选中要链接的图层，单击"图层"面板左下角的图标 ∞，在链接图层的右边就会出现链接图标 ∞。

图5-6

方法2：选择菜单"图层"/"选择链接图层"命令，已建立链接的图层旁边显示 ∞ 图标。打开一张图片，如图5-6所示；图层没有链接时移动图层，如图5-7所示；链接图层后移动图层，如图5-8所示；显示的"图层"面板，如图5-9所示。

图5-7

图5-8

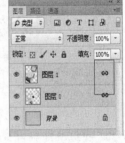

图5-9

> **提示**
>
> 在Photoshop CC中按住【Shift】键，在"图层"面板中单击链接图层的链接图标，链接图标上面就会出现一个红色的"X"符号，表示暂时取消图层的链接。

▌5.1.4　合并图层

当图像设置完成以后，可以将一些不用改动的图层合并在一起，既可以减少磁盘空间，提高操作速度，又可以方便管理图层。单击"图层"面板右上角的小三角按钮，从弹出的下拉菜单中选择合并方式，如图5-10所示。

在"图层"菜单和"图层"面板弹出的下拉菜单中，主要有以下几种合并方式。

★ 向下合并：在"图层"菜单中选择"向下合并"命令，也可

图5-10

以按住快捷键【Ctrl+E】进行操作。

★ 合并可见层：可以将不想合并的图层隐藏，然后选择"合并可见层"命令。

★ 拼合图像：选择该命令后，所有可见图层将被合并到背景层中，如有隐藏的图层，将会出现对话框，提示是否要扔掉隐藏的图层。

5.1.5 图层混合模式

图层混合模式是Photoshop中一项较突出的功能，它是通过色彩的混合而获得一些特殊的效果。色彩混合模式是将当前绘制的颜色与图像原有的底色，以某种模式进行混合。在Photoshop中提供了多种混合模式。当两个图层重叠时，默认状态下为"正常"。在"图层"面板中单击"模式"下三角按钮，从弹出的列表中选择需要的模式。

★ 正常：是Photoshop CC的默认模式，如图5-11所示。

★ 溶解：根据每个像素点所在位置的透明度不同，随机地以当前图层的颜色取代下层，不透明度越小，效果越明显，如图5-12所示。

★ 变暗：选择"变暗"模式后，当前图层中较暗像素会取代下层中比其亮的像素，下层中较暗的像素会取代当前图层中较亮的像素，如图5-13所示。

图5-11　　　　　　　　　图5-12　　　　　　　　　图5-13

★ 正片叠底：选择"正片叠底"模式后，同一位置每个通道中的颜色值由上一图层的同一通道中的颜色乘以下一图层的对应颜色值，再除以255而得到。色彩的最终效果往往比原来的颜色深，并且图层间有既相互融合又保持各自特性的感觉，如图5-14所示。

★ 颜色加深：用于查看每个通道的颜色信息，增加其对比度，使下一层的颜色变暗以反映上一图层的颜色，如图5-15所示。

★ 线性加深：查看每个通道中的颜色信息，通过减小其亮度，使下一层的颜色变暗以反映上一图层的颜色，如图5-16所示。

图5-14　　　　　　　　　图5-15　　　　　　　　　图5-16

"深色"模式与"浅色"模式正好相反，执行后的图像效果如图5-17、图5-18所示。

"变亮"模式与"变暗"模式正好相反，混合时取绘图色与底色中较亮的颜色，底色中较暗的像素被绘图色中较亮的像素所取代，而较亮的像素保持不变，执行后的图像效果如图5-19所示。

图5-17　　　　　　　　　　图5-18　　　　　　　　　　图5-19

　　"滤色"模式与"正片叠底"模式正好相反，它是将绘制的颜色与底色的互补色相乘，然后除以255得到混合效果，通过该模式转换后的颜色通常很浅，像是被漂白过一样，图像效果如图5-20所示。

★　颜色减淡：该模式主要用于查看每个通道的颜色信息，通过增加对比度使底色变亮从而显示当前图层的颜色，执行后的图像效果如图5-21所示。若当前图层为白色，则下一层变为白色；若当前图层为黑色，则图像没有变化。

★　线性减淡：用于查看每个通道的颜色信息，然后通过降低其他颜色的亮度从而反映当前图层的颜色，执行后的图像效果如图5-22所示。

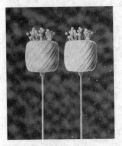

图5-20　　　　　　　　　　图5-21　　　　　　　　　　图5-22

★　叠加：将绘制的颜色与底色相互叠加，提取底色的高光和阴影部分。底色不会被取代，而是和绘图色相互混合来显示图像的亮度和暗度，执行后的图像效果如图5-23所示。

★　柔光：根据绘图色的明暗度来决定图像最终的效果是变亮还是变暗，执行后的图像效果如图5-24所示。

★　强光：根据当前层颜色的明暗程度来决定最终的效果是变亮还是变暗，图像效果如图5-25所示。

★　亮光：根据绘图色，通过增减对比度来加深或减淡

图5-23　　　　　　　　　　图5-24

颜色。若当前图层颜色比50%的灰度亮，则图像通过降低对比度而变亮，图像效果如图5-26所示。

★　线性光：通过增加或降低当前层的颜色亮度来加深或减淡颜色，如图5-27所示。

图5-25　　　　　　　　　　图5-26　　　　　　　　　　图5-27

★ 点光：根据当前图层颜色来替换颜色。若当前图层颜色比50%的灰度亮，则当前图层颜色被替换，而比当前层颜色亮的像素不变。若当前图层颜色比50%的灰度暗，则比当前图层颜色亮的像素被替换，而比当前层颜色暗的像素不变，如图5-28所示。

★ 差值：将当前图层的颜色与其下方图层颜色的亮度进行对比，用较亮颜色的像素值减去较暗颜色的像素值，所得差值就是最后效果的像素值，如图5-29所示。

排除模式与差值模式的效果类似，但比差值模式的效果要柔和一些，如图5-30所示。

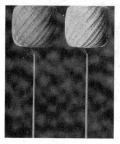
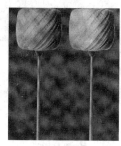

| 图5-28 | 图5-29 | 图5-30 |

★ 色相：选择下方图层颜色亮度和饱和度值与当前层的色相值进行混合创建结果颜色，混合后的亮度及饱和度取决于底色，但色相则取决于当前层的颜色，图像效果如图5-31所示。

★ 饱和度：混合后的色相及明度与底色相同，而饱和度则与绘制的颜色相同，在饱和度为0的情况下，选择此模式绘画将不发生变化，图像效果如图5-32所示。

★ 颜色：使用底色的明度及绘图色的色相和饱和度，来创建结果颜色。这样可以保护图像的灰色色调，但混合后的整体颜色由当前绘制色决定，图像效果如图5-33所示。

★ 亮度：使用底色的色相和饱和度来创建最终结果颜色，图像效果如图5-34所示。

| 图5-31 | 图5-32 | 图5-33 | 图5-34 |

5.1.6 图层样式的混合选项

图层样式的混合选项用于控制当前图层与其下面图层中像素的混合方式，其对话框如图5-35所示。

"图层样式"对话框包括：投影、内阴影、外发光、内发光、斜面和浮雕（等高线和纹理）、光泽、颜色叠加、渐变叠加、图案叠加、描边。

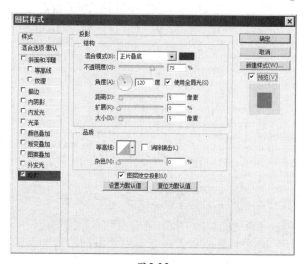

图5-35

5.2 实例应用：

光盘
05/实例应用/书籍装帧设计.PSD

「书籍装帧设计」

实例目标

本例以世界古典建筑为表现主体，书籍装帧的制作共分为4个部分。第1部分制作背景底纹；第2部制作封面和封底的主体图像；第3部分制作图书名称的主体文字；第4部分输入文字信息和添加条形码。

技术分析

制作背景底纹，运用了图层混合模式和图层蒙版；制作封面和封底的主体图像，运用了打开图片和变换图像；制作图书名称的主体文字运用了合并图层、滤镜技术和通道技术；输入文字信息运用了图层样式和形状图层等技术。

制作步骤

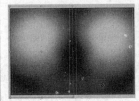 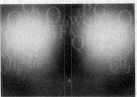  

01 新建文档。执行菜单"文件"/"新建"命令（或按快捷键【Ctrl+N】），设置弹出的"新建"命令对话框，如图5-36所示，单击"确定"按钮，即可创建一个新的空白文档。

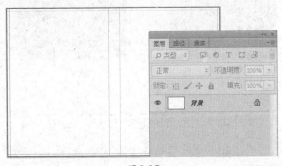

图5-37

03 打开图片。打开随书光盘中的"05/实例应用/素材 1"图像文件，此时的图像效果和"图层"面板如图5-38所示。

图5-36

02 在新建的文档中间，在垂直和水平方向上设置多条辅助线，用来表示图书的书脊和图书封面的出血范围，如图5-37所示。

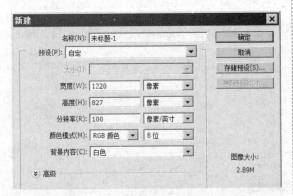

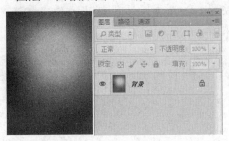

图5-38

04 使用"移动工具" ，将图像拖动到第一步新建的文件中，得到"图层1"，按快捷键【Ctrl+T】，调出自由变换控制框，变换图像到如图5-39所示的状态，按【Enter】键确认操作。

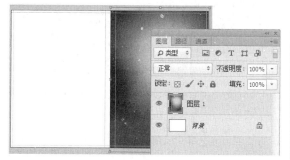

图5-39

05 按快捷键【Ctrl+J】，复制"图层1"，得到"图层 1 副本"，按快捷键【Ctrl+T】，调出自由变换控制框，水平翻转、移动图像到如图5-40所示的状态，按【Enter】键确认操作。

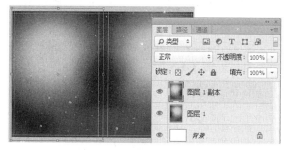

图5-40

06 单击面板底部的"创建新图层"按钮 ，新建一个图层，得到"图层 2"，设置前景色为白色，选择"画笔工具" ，设置适当的画笔大小和透明度后，在"图层 2"中涂抹，得到如图5-41所示的效果。

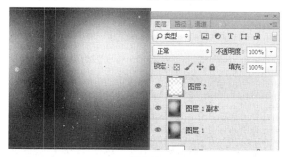

图5-41

07 按快捷键【Ctrl+J】，复制"图层2"，得到"图层2 副本"，按快捷键【Ctrl+T】，调

出自由变换控制框，水平翻转、移动图像到如图5-42所示的状态，按【Enter】键确认操作。

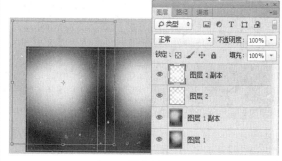

图5-42

08 设置前景色颜色值为a66126，使用"横排文字工具" ，设置适当的字体和字号，在封面上输入一些散乱的英文字母，得到相应的文字图层，如图5-43所示。

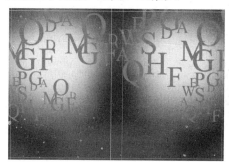

图5-43

09 将输入的所有文字图层选中，按快捷键【Ctrl+E】，将选中的图层合并，将合并后的新图层重命名为"图层3"，设置"图层3"的图层混合模式为"滤色"模式，图像效果和"图层"面板如图5-44所示。

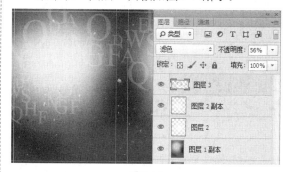

图5-44

10 打开图片。打开随书光盘中的"05/实例应用/素材 2"图像文件，此时的图像效果和"图层"面板如图5-45所示。

图5-45

11 使用"移动工具"▶⊕，将图像拖动到第一
步新建的文件中，得到"图层4"，按快捷
键【Ctrl+T】，调出自由变换控制框，变换
图像到如图5-46所示的状态，按【Enter】
键确认操作。

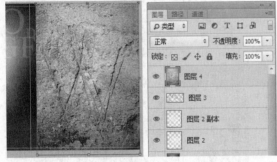

图5-46

12 更改图层属性。设置"图层4"的混合
模式为"柔光"模式，图层不透明度为
"85%"，图像效果和"图层"面板如图
5-47所示。

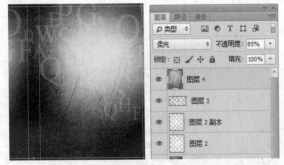

图5-47

13 按快捷键【Ctrl+J】，复制"图层4"，得到
"图层4副本"，按快捷键【Ctrl+T】，调
出自由变换控制框，水平翻转、移动图像
到如图5-48所示的状态，按【Enter】键确
认操作。

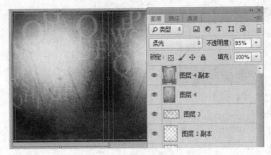

图5-48

14 打开图片。打开随书光盘中的"05/实例应
用/素材 3"图像文件，此时的图像效果和
"图层"面板如图5-49所示。

图5-49

15 使用"移动工具"▶⊕，将图像拖动到第一
步新建的文件中，得到"图层5"，按快捷
键【Ctrl+T】，调出自由变换控制框，变换
图像到如图5-50所示的状态，按【Enter】
键确认操作。

图5-50

16 更改图层属性。设置"图层 5"的图层混
合模式为"正片叠底"，图层不透明度为
"63%"，图像效果和"图层"面板如图
5-51所示。

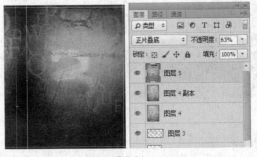

图5-51

17 单击"添加图层蒙版"按钮，为"图层5"添加图层蒙版，设置前景色为黑色，使用"画笔工具"，设置适当的画笔大小和透明度后，在图层蒙版中涂抹，得到如图5-52所示效果。

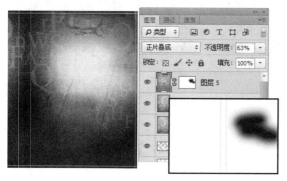

图5-52

18 按快捷键【Ctrl+J】，复制"图层5"，得到"图层5副本"，按快捷键【Ctrl+T】，调出自由变换控制框，水平翻转、移动图像到如图5-53所示的状态，按【Enter】键确认操作。

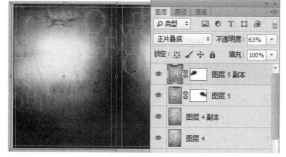

图5-53

19 打开图片。打开随书光盘中的"05/实例应用/素材4"图像文件，此时的图像效果和"图层"面板如图5-54所示。

图5-54

20 使用"移动工具"，将图像拖动到第一步新建的文件中，得到"图层6"，按快捷

键【Ctrl+T】，调出自由变换控制框，变换图像到如图5-55所示的状态，按【Enter】键确认操作。

图5-55

21 打开图片。打开随书光盘中的"05/实例应用/素材5"图像文件，此时的图像效果和"图层"面板如图5-56所示。

图5-56

22 使用"移动工具"，将图像拖动到第一步新建的文件中，得到"图层6"，按快捷键【Ctrl+T】，调出自由变换控制框，变换图像到如图5-57所示的状态，按【Enter】键确认操作。

图5-57

23 按快捷键【Ctrl+J】，复制"图层7"，得到"图层7副本"，设置"图层7副本"的图层混合模式为"滤色"模式，图像效果和"图层"面板如图5-58所示。

图5-58

24 单击"添加图层蒙版"按钮 ◻，为"图层7 副本"添加图层蒙版，设置前景色为黑色，使用"画笔工具" ✐，设置适当的画笔大小和透明度后，在图层蒙版中涂抹，得到如图5-59所示效果。

图5-59

25 单击"图层"面板下方的"创建新的填充或调整图层"按钮 ◓，在弹出的菜单中选择"色彩平衡"命令，设置弹出的对话框如图5-60所示。

图5-60

26 设置完"色彩平衡"命令的参数后，单击"确定"按钮，得到图层"色彩平衡 1"，按快捷组合键【Ctrl+Alt+G】，执行"创建剪贴蒙版"操作，此时的效果如图5-61所示。

图5-61

27 设置前景色为白色，使用"横排文字工具" T，设置适当的字体和字号，在封面上输入图书的名称，得到相应的文字图层，如图5-62所示。

图5-62

28 选择文字图层，单击"添加图层样式"按钮 fx，在弹出的菜单中选择"投影"命令，设置弹出的对话框后，继续设置"描边"选项对话框，如图5-63所示。

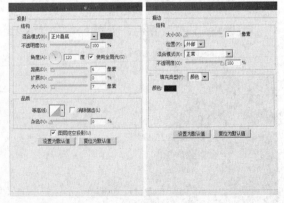

图5-63

29 设置完"图层样式"命令对话框后，单击"确定"按钮，得到相应的图层样式效果，如图5-64所示。

图5-64

30 新建通道。切换到"通道"面板，单击面板底部的"创建新通道"按钮 ，得到"Alpha1"通道，如图5-65所示。

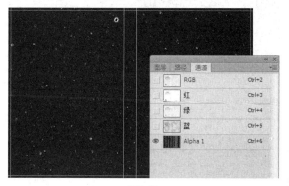

图5-65

31 选择"滤镜"/"杂色"/"添加杂色"命令，设置弹出的对话框中的参数后，单击"确定"按钮，得到如图5-66所示的效果。

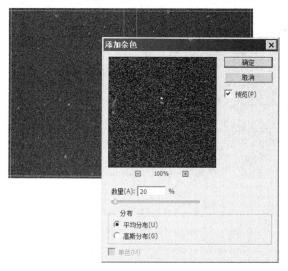

图5-66

32 选择"图像"/"调整"/"阈值"命令，设置弹出的对话框中的参数后，单击"确定"按钮，得到如图5-67所示的效果。

图5-67

33 选择"滤镜"/"纹理"/"颗粒"命令，设置弹出的对话框中的参数后，单击"确定"按钮，得到如图5-68所示的效果。

图5-68

34 按住【Ctrl】键单击通道"Alpha 1"，载入其选区，选择文字图层，按住【Alt】键单击"添加图层蒙版"按钮 ，为文字图层添加图层蒙版，此时选区部分的图像就被隐藏起来了，得到如图5-69所示的效果。

图5-69

35 设置背景色为白色，前景色的颜色值为ffd557，选择"滤镜"/"渲染"/"云彩"命令，按快捷键【Ctrl+F】多次重复运用分层云彩命令，得到类似图5-70所示的效果。因为"云彩"是随机效果的滤镜，使用一次不一定能得到所需要的效果，所以需要多次重复运用。

图5-70

36 选择"图层8"为当前操作图层，按快捷组合键【Ctrl+Alt+G】，执行"创建剪贴蒙版"操作，即可将"图层8"中的图像叠加到文字上，如图5-71所示。

图5-71

37 选择"图层 8"和下方的文字图层，按快捷组合键【Ctrl+Alt+E】，执行"盖印"操作，将得到的新图层重命名为"图层 9"。按快捷键【Ctrl+T】，调出自由变换控制框，将图像缩小移动到图书的封底上，按【Enter】键确认操作，如图5-72所示。

图5-72

38 设置前景色为白色，使用"横排文字工具" T，设置适当的字体和字号，在封面最上方输入文字，在主题文字的右下角输入图书作者的名称，在封面下方输入出版社的名称等文字，得到相应的文字图层，如图5-73所示。

图5-73

39 单击"添加图层样式"按钮 fx，在弹出的菜单中选择"投影"命令，设置弹出的"投影"命令对话框后，单击"确定"按钮，即可为文字添加投影的效果，此时的图像如图5-74所示。

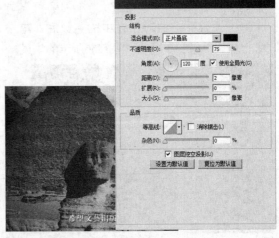

图5-74

40 在"希望文艺出版社"的图层名称上右击，在弹出的菜单中选择"拷贝图层样式"命令，然后分别右击下方两个文字图层的图层名称，在弹出的菜单中选择"粘贴图层样式"命令，得到如图5-75所示的效果。

41 设置前景色为白色，使用"横排文字工具" T，设置适当的字体和字号，在封底

图5-75

左上方输入责任编辑和封面设计的人员名称，得到相应的文字图层，如图5-76所示。

图5-76

42 设置前景色为白色，选择"矩形工具" ⬜，在工具选项栏中单击"形状图层"按钮 ⬜，在封底的中间绘制白色长条矩形，得到图层"矩形1"，如图5-77所示。

图5-77

43 单击"添加图层样式"按钮 *fx*，在弹出的菜

单中选择"描边"命令，设置弹出的"描边"命令对话框，如图5-78所示。

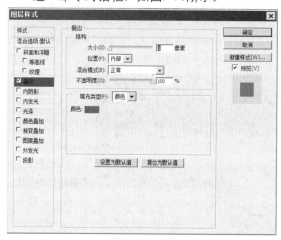

图5-78

44 设置完"描边"命令对话框后，单击"确定"按钮，即可为图像添加描边的效果，设置"矩形 1"的图层填充值为"0%"，此时的图像如图5-79所示。

图5-79

45 按快捷键【Ctrl+J】，复制"矩形1"，得到"矩形 1 副本"，按快捷键【Ctrl+T】，调出自由变换控制框，缩小图像到如图5-80所示的状态，按【Enter】键确认操作。

图5-80

46 选择"矩形 1 副本",单击"添加图层
样式"按钮_fx_,在弹出的菜单中选择"描
边"命令,设置弹出的"描边"命令对话
框后,单击"确定"按钮,修改描边的效
果,此时的图像如图5-81所示。

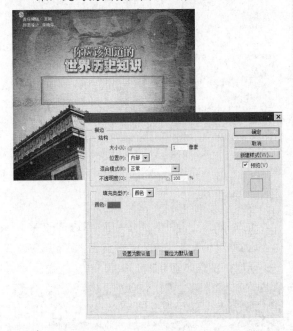

图5-81

47 设置前景色的颜色值为593b01,使用"横排
文字工具"_T_,设置适当的字体和字号,
在矩形框内输入图书的相关内容,得到相
应的文字图层,如图5-82所示。

图5-82

48 打开图片。打开随书光盘中的"05/实例应
用/素材 6"条形码图像文件,此时的图像
效果和"图层"面板如图5-83所示。

图5-83

49 使用"移动工具"_▶+_,将图像拖动到第
一步新建的文件中,得到"图层 10",
按快捷键【Ctrl+T】,调出自由变换控制
框,变换图像到如图5-84所示的状态,按
【Enter】键确认操作。

图5-84

50 设置前景色为白色,使用"横排文字工
具"_T_在条形码图像下方输入图书的定价,
得到如图5-85所示的效果。

图5-85

51 使用"横排文字工具"_T_,在图书的书脊位
置输入文字制作图书的书脊内容,得到的
最终效果如图5-86所示,图5-87为书籍封面
的效果图。

图5-86

图5-87

5.3 拓展训练：书籍装帧延展设计

本例是以上一节制作好的背景和文字为基础，通过将原有的世界古典建筑更换为中国古典建筑，然后将书籍封面上主体文字中的"世界"改为"中国"，再重新输入一些新的文字信息，即可得到一本新书籍的装帧效果。

01 打开上一节制作好的书籍封面文件，将文件中的多余图层删除，此时的图像效果和"图层"面板如图5-88所示。

图5-88

02 打开图片。选择"图层5 副本"为当前操作图层，打开随书光盘中的"05/拓展训练/素材1"图像文件，此时的图像效果和"图层"面板如图5-89所示。

图5-89

03 使用"移动工具" ，将图像拖动到第一步新建的文件中，得到"图层11"，按快捷键【Ctrl+T】，调出自由变换控制框，变换图像到如图5-90所示的状态，按【Enter】键确认操作。

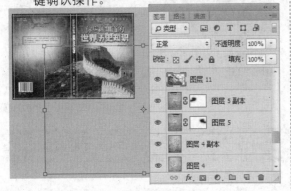

图5-90

04 单击"添加图层蒙版"按钮 ，为"图层11"添加图层蒙版，设置前景色为黑色，使用"画笔工具" ，设置适当的画笔大小和透明度后，在图层蒙版中涂抹，得到如图5-91所示效果。

图5-91

05 打开图片。打开随书光盘中的"05/拓展训练/素材 2"图像文件，此时的图像效果和"图层"面板如图5-92所示。

图5-92

06 使用"移动工具" ，将图像拖动到第一步新建的文件中，得到"图层 12"，

按快捷键【Ctrl+T】，调出自由变换控制框，变换图像到如图5-93所示的状态，按【Enter】键确认操作。

图5-93

07 单击"添加图层蒙版"按钮 ，为"图层12"添加图层蒙版，设置前景色为黑色，使用"画笔工具" 设置适当的画笔大小和透明度后，在图层蒙版中涂抹，得到如图5-94所示的效果。

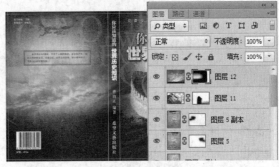

图5-94

08 更改图层混合模式。设置"图层 12"的图层混合模式为"叠加"模式，图像效果和"图层"面板如图5-95所示。

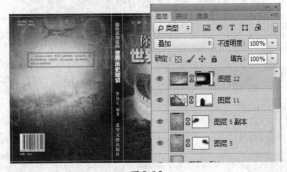

图5-95

09 打开图片。打开随书光盘中的"05/拓展训练/素材 3"图像文件，此时的图像效果和"图层"面板如图5-96所示。

图5-96

10 使用"移动工具" ，将图像拖动到第一步新建的文件中，得到"图层 13"，按快捷键【Ctrl+T】，调出自由变换控制框，变换图像到如图5-97所示的状态，按【Enter】键确认操作。

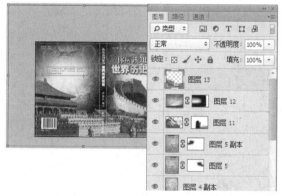

图5-97

11 单击"添加图层蒙版"按钮 ，为"图层13"添加图层蒙版，设置前景色为黑色，背景色为白色，使用"渐变工具" ，设置渐变类型为从前景色到背景色，在图层蒙版中从右往左绘制渐变，得到如图5-98所示的效果。

图5-98

12 按快捷键【Ctrl+J】，复制"图层13"，得到"图层 13 副本"，设置其图层混合模式为"柔光"模式，图像效果和"图层"面板如图5-99所示。

图5-99

13 单击"图层"面板下方的"创建新的填充或调整图层"按钮 ，在弹出的菜单中选择"色相/饱和度"命令，如图5-100所示设置弹出的对话框。

图5-100

14 设置完"色相/饱和度"命令的参数后，单击"确定"按钮，得到图层"色相/饱和度1"，按快捷组合键【Ctrl+Alt+G】，执行"创建剪贴蒙版"操作，此时的效果如图5-101所示。

图5-101

15 单击"图层"面板下方的"创建新的填充或调整图层"按钮 ，在弹出的菜单中选择"色彩平衡"命令，如图5-102所示设置弹出的对话框。

图5-102

16 设置完"色彩平衡"命令的参数后，单击"确定"按钮，得到图层"色彩平衡1"，按快捷组合键【Ctrl+Alt+G】，执行"创建剪贴蒙版"操作，此时的效果如图5-103所示。

图5-103

17 使用"文字工具"，激活书籍封面的图书名称文字图层，重新编辑文字，将原来的"世界"改为"中国"，如图5-104所示。

图5-104

18 选择"图层8"和下方的文字图层，按快捷组合键【Ctrl+Alt+E】，执行"盖印"操作，将得到的新图层重命名为"图层14"。按快捷键【Ctrl+T】，调出自由变换控制框，将图像缩小移动到图书的封底上，按【Enter】键确认操作，如图5-105所示。

图5-105

19 分别选择图层"矩形1"、"矩形1副本"，按快捷键【Ctrl+T】，调出自由变换控制框，将"矩形1"、"矩形1副本"中的线框图像变换到如图5-106所示的效果。

图5-106

20 使用"文字工具"，激活书籍封底关于图书内容简介的文字图层，重新编辑文字的位置和行宽，然后输入新的关于图书内容简介的文字，如图5-107所示。

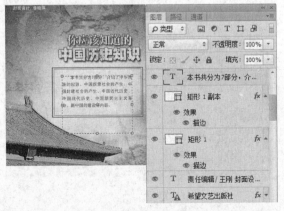

图5-107

21 最终效果。使用"文字工具"，激活书书脊上图书名称的文字图层，重新编辑文字，将原来的"世界"改为"中国"，如图5-108所示。图5-109为书籍装帧的效果图。

图5-108

图5-109

5.4 课后练习

一、填空题

1. 在Photoshop CC中按住_____键，在"图层"面板中单击链接图层的链接图标，链接图标上面会出现一个红色"X"符号，表示暂时取消图层的链接。

2. 在菜单中执行"窗口"/"图层"命令，或按_____键，都会弹出"图层"面板。

二、问答题

Photoshop提供了多种复制图层的方式，一共哪几种?

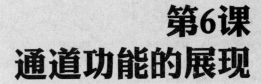

第6课
通道功能的展现

本课主要讲解通道的使用。在Photoshop中，通道是很重要的功能之一，通道不但能保存图像的颜色信息，而且还是补充选区的重要方式（方便选择很复杂图像的选区），它常结合蒙版使用。本课通过实例让读者更熟练地掌握通道的应用方法。

6.1 基础知识讲解

6.1.1 通道的概念

在Photoshop中，通道的作用是举足轻重的，一点也不逊色于图层。通道主要用来保存图像的颜色信息，一般可分为3种类型。

第一类为内建通道，是用来保存图像颜色数据的。一幅RGB颜色模式的图像，颜色数据分别保存在红、绿、蓝3个通道中，这3个颜色通道合成了一个RGB主通道。所以，一个标准的RGB文件就包含4个内置通道。无论改变R、G、B中的哪个通道的颜色数据，都会马上反映到RGB主通道中，如图6-1～图6-3所示。

 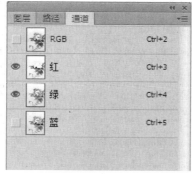 

图6-1   图6-2   图6-3

第二类为Alpha通道，是额外建立的通道。通道除了用来保存颜色数据外，还可以用来将图像上的选区作为蒙版保存在Alpha通道中。可以说通道是补充选区的一种方式。

第三类为专色通道，这是一种具有特殊用途的通道，在印刷时使用一种特殊的混合油墨，替代或附加到图像的CMYK油墨中，出片时单独输出到一张胶片。

> 通道的数量以及通道中的像素信息影响着文件的大小，某些文件格式如TIFF和PSD格式可以压缩通道信息并可节省空间。一般情况下，只有在以PSD、PDF、PICT、TIFF 或 RAW 格式存储文件时，才保留 Alpha 通道。

6.1.2 认识"通道"控制面板

执行"窗口"/"通道"命令可以显示"通道"面板。该面板列出了图像中的所有通道，如图6-4和图6-5所示。

预设的色彩通道是以灰阶显示的，如果希望色彩通道以彩色显示，那么可以执行"编辑"/"首选项"/"界面"命令，在对话框中选中"用彩色显示通道"复选项，则通道将以彩色显示。以彩色显示通道会占用更多的内存，因而会减慢程序的运行速度，如图6-6和图6-7所示。

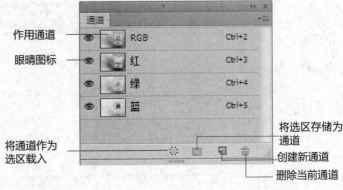

作用通道

眼晴图标

将通道作为选区载入

将选区存储为通道

创建新通道

删除当前通道

图6-4

图6-5

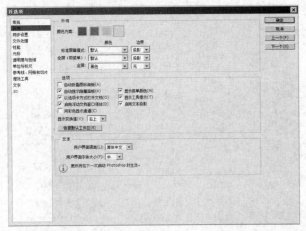

图6-6

图6-7

6.1.3 通道的新建、复制和删除

在对通道进行操作时，可以对原色通道进行色彩调整，甚至可以对通道选择滤镜功能，这样可以制作出各种图像的合成效果。这里只介绍一些通道的基本操作，如新建、复制和删除通道等操作。

新建通道是指建一个新的 Alpha 通道，然后使用绘画或编辑工具向其中添加蒙版。单击"通道"面板底部的"新建通道"按钮 可以直接创建Alpha 通道。在"通道"控制面板右边的弹出式菜单中执行"新通道"命令，可以打开"新建通道"对话框，如图6-8和图6-9所示。

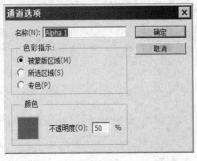

图6-8

图6-9

单击"确定"按钮，在通道面板的底部会出现一个8位的灰阶Alpha通道，并且该通道会自动处于选中状态。

当保存了一个Alpha通道后，想对这个Alpha通道进行复制，可以拖动此通道至"新建通道"图标■上，或选中此通道，然后执行"通道"面板下拉菜单中的"复制通道"命令，此时会打开"复制通道"对话框，如图6-10和图6-11所示。

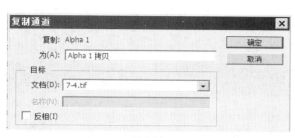

图6-10

图6-11

在完成对图像的操作后，通常要将没有用的通道删除。删除通道的方法是拖曳要删除的通道到"通道"面板下端的"删除"按钮■上；或者在选中通道后，执行"通道"面板弹出菜单中的"删除通道"命令。

在"通道"面板上删除其中任何一个原色通道，则图像的色彩模式马上就变为多通道的色彩模式，复合通道也不复存在，所以在删除图像的原色通道时应慎重考虑。删除原色通道后的效果如图6-12～图6-15所示。

图6-12

图6-13

图6-14

图6-15

6.1.4 专色通道的使用

专色就是印刷时除了CMYK四色色版以外的另一个色版，它在印刷时可以帮助印出一些CMYK四色无法调出来的颜色，或是当对部分颜色有特殊的要求时，专色就是唯一的选择。在输出图片时，专色作为单独色版进行输出，它主要是用来存放金银色以及一些有特别要求的颜色。

专色通道同其他通道一样都是灰度图像，可以使用工具箱上的各种工具对专色通道进行编辑，通过灰度的深浅来表示专色的浓淡。

　　专色通道可以直接合并到各个原色通道中，这样在输出时就会减少一张专色胶片，专色将混合到原色通道中，这样也会减少实际的印刷成本。

　　在专色通道中制作好专色效果，接着选中专色通道，然后执行"通道"面板菜单中的"合并专色通道"命令，这样专色通道中的颜色就会依照其最相近的原色数值，分别混合到每一个原色通道中。"合并专色通道"命令有利于用户直接看到图像的实际效果，如图6-16～图6-19所示。

图6-16

图6-17

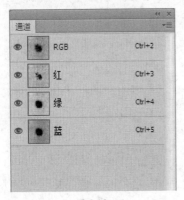
图6-18

图6-19

　　可以将现有的Alpha通道转换为专色通道。首先选择Alpha通道，然后执行"通道"面板弹出式菜单中的"通道选项"命令或者直接双击Alpha通道缩略图，在弹出的"通道选项"对话框中的"色彩指示"选项组中选中"专色"单选项，在"名称"文本框中设定转换后的通道名称，在"颜色"选项组中设定其"颜色"和"不透明度"。单击"确定"按钮，即可以将Alpha通道转换为专色通道。转换过程如图6-20～图6-22所示。

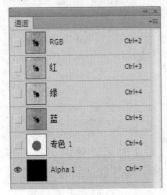
图6-20

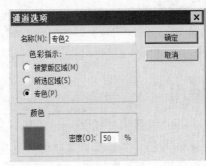
图6-21

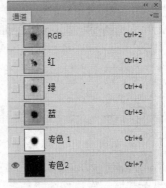
图6-22

6.1.5 通道的分离和合并

在Photoshop中，可以将彩色图像中的通道拆分到不同的文件中，拆分出的文档以灰色图像显示在屏幕上。当文件太大且不能保存时，可以使用拆分通道的方法。另外，对于一些不能保存通道信息的文件格式（如Photoshop EPS、JPEG等），也可以通过拆分通道来保存通道信息，如图6-23和图6-24所示。

 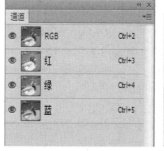

图6-23　　　　　　　　　　　　　　　图6-24

执行"通道"面板菜单中的"分离通道"命令即可分离图像的各个通道，并各自形成单独的图像文件。分离后的图像都将以单独的窗口显示在屏幕上，Photoshop同时为它们自动命名，在其标题栏为原文件名称加上当前通道的缩写，如图6-25所示。

图6-25

合并通道与分离通道相反，合并通道可以将若干个灰度图像合并起来，使其成为一个完整的图像文件。执行"合并通道"命令之前，必须在屏幕上打开要合并的通道文件，并且要求都是灰度图像，而且长宽尺寸、分辨率都一样。执行该命令，出现"合并通道"对话框，如图6-26和图6-27所示。

 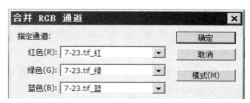

图6-26　　　　　　　　　　　　　　　图6-27

6.2 实例应用：

光盘
06/实例应用/UI设计.PSD

「UI 设计」

实例目标

播放器的界面是在计算机普及时代经常接触到的一种事物，播放器的功能固然是最重要的，但其外观也可以展示设计者的个性与品味。本范例将通过形状图层与图层样式这两项主要技术来制作一个绚丽的播放器界面，希望读者能够从本范例中有所收获。

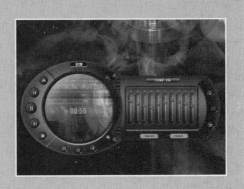

技术分析

本例以"文字"工具的应用为主，通过这个练习可以掌握"文字"与"路径"的应用关系，更熟练地掌握"钢笔"工具的应用。在制作过程中，还运用了"变换"、"变换选区"、"描边"等内容。

制作步骤

 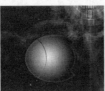   

---

01 打开素材图像，如图6-28所示。

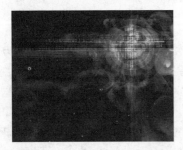

图6-28

02 下面来制作播放器的主控制板，首先用形状图层来制作它的雏形，设置前景色为白色，选择"椭圆工具" ○，并在其工具选项栏中单击"形状图层"按钮 □，在画面的下方绘制如图6-29所示的椭圆形状，得到形状图层"椭圆1"。

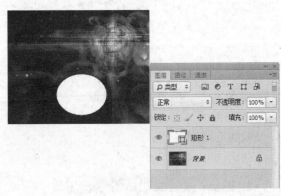

图6-29

03 下面用"路径运算"命令来剪切形状得到需要的形状，选择"钢笔工具" ◊，并在其工具选项栏中单击"从形状区域减去"按钮 ▣，在圆的右侧绘制路径以进行裁剪，得到如图6-30所示的效果。

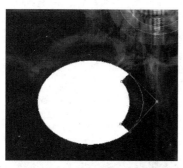

图6-30

04 下面通过设置图层样式来制作播放器的立体效果及质感，单击"添加图层样式"按钮*fx*，在弹出的菜单中执行"渐变叠加"命令，设置弹出的对话框选项参数。在没有退出"渐变叠加"对话框的时候可以用鼠标拖动渐变的位置，效果如图6-31所示。

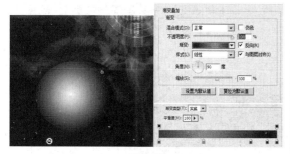

图6-31

05 在没有退出"图层样式"对话框的时候，执行"投影"命令和"内发光"命令，分别设置其选项参数如图所示，"内发光"色块的颜色值为（R：109，G：151，B：156），效果如图6-32所示。

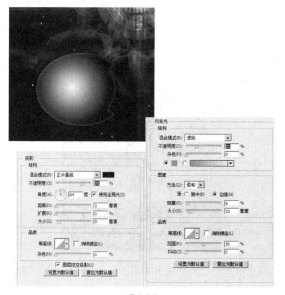

图6-32

06 下面将利用"椭圆工具"给播放器添加颜色块以丰富其色彩，设置前景色的颜色值为（R：255，G：54，B：0），选择"椭圆工具"，并在其工具选项栏中单击"形状图层"按钮，在播放器主体的左侧绘制椭圆形状，得到"椭圆2"，效果如图6-33所示。

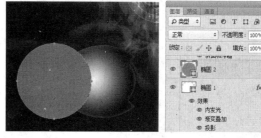

图6-33

07 下面来通过图层蒙版将椭圆融合到播放器主体当中，按住【Ctrl】键并单击"椭圆1"的图层缩览图以载入其选区，单击"添加图层蒙版"按钮，为"椭圆2"添加图层蒙版，得到如图6-34所示的效果。

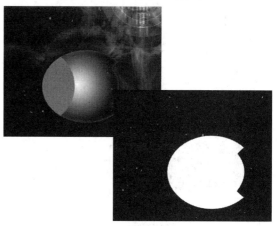

图6-34

08 设置"椭圆2"的混合模式为"颜色"模式，得到如图6-35所示的效果，看到"椭圆2"的颜色与"椭圆1"更加融合。

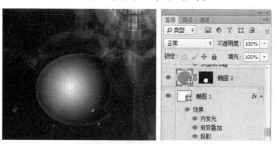

图6-35

09 下面通过图层样式来制作其与"椭圆1"接触的条纹效果，单击"添加图层样式"按钮 *fx*，在弹出的菜单中执行"斜面和浮雕"命令，设置弹出的对话框选项参数，设置完成后单击"确定"按钮退出对话框，效果如图6-36所示。

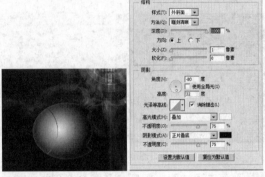

图6-36

10 在没有退出"图层样式"对话框的时候，执行"内发光"命令，设置其选项参数，"内发光"的色块颜色为黑色，效果如图6-37所示。

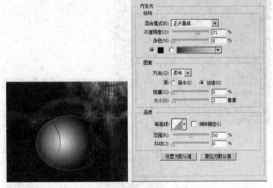

图6-37

11 下面继续利用形状图层和图层样式绘制播放器的主屏幕，设置前景色为黑色，选择"椭圆工具" ，并在其工具选项栏中单击"形状图层"按钮 ，按住【Shift】键在播放器的中间绘制一个如图6-38所示的正圆形状，得到"椭圆3"。

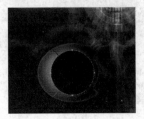

图6-38

12 单击"添加图层样式"按钮 *fx*，在弹出的菜单中执行"斜面和浮雕"命令，设置弹出的对话框选项参数，效果如图6-39所示。

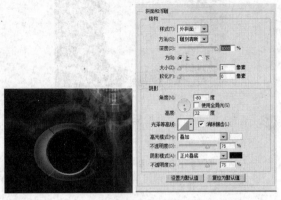

图6-39

13 下面将复制"背景"图层并为主屏幕添加花纹，复制"背景"图层得到"背景 副本"图层，将其拖至"椭圆3"的上方，按快捷组合键【Ctrl+Alt+G】，执行"创建剪贴蒙版"操作，如图6-40所示。

图6-40

14 选择工具箱中的"移动工具" ，将"背景副本"移动至如图6-41所示的位置。

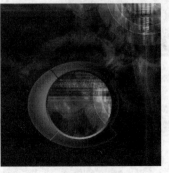

图6-41

15 下面用"羽化"命令和图层蒙版来使圆更有厚度，选择工具箱中的"椭圆选区工具" ，按住快捷键【Alt+Shift】以"椭圆3"的圆心为中心绘制正圆选区，按快捷组合键【Ctrl+Alt+D】执行"羽化"操作，在弹出的对话框中设置"羽化半径"为10 px，单击"添加图层蒙版"按钮 ，得到如图6-42所示的效果。

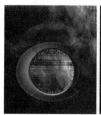

图6-42

16 下面将利用"路径"工具以及"路径运算"命令来制作圆的高光，选择工具箱中的"椭圆"工具，并在其工具选项栏中单击"路径"按钮 ，按住快捷键【Alt+Shift】以"椭圆3"的圆心为中心绘制一条正圆路径，选择工具箱中的"钢笔工具" ，在其工具选项栏中单击"从形状区域减去"按钮 ，然后再绘制路径，如图6-43所示。

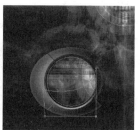

图6-43

17 下面将利用"画笔工具" 来涂抹高光，按快捷键【Ctrl+Enter】将路径转换为选区，新建一个图层得到"图层1"，设置前景色为白色，选择"画笔工具" ，并在其工具选项栏中设置适当的"画笔大小"和"不透明度"，并设置"硬度"为0%，在选区的边缘进行涂抹以得到高光，按快捷键【Ctrl+D】取消选区，效果如图6-44所示。

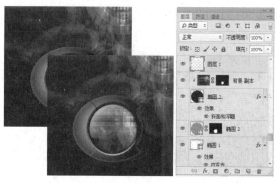

图6-44

18 下面将利用形状图层以及图层样式来制作播放器的按钮，选择工具箱中的"椭圆工具" ，在其工具选项栏中单击"形状图层"按钮 ，按住【Shift】键在播放器的左侧绘制一条如图6-45所示的正圆形状，得到"椭圆4"。

图6-45

19 单击"添加图层样式"按钮 ，在弹出的菜单中执行"渐变叠加"命令，设置弹出的对话框如下图所示，在"渐变编辑器"对话框中设置左侧色块的色值为（R：12，G：5，B：3），右侧色标的颜色值为（R：46，G：54，B：53），图像此时的效果如图6-46所示。

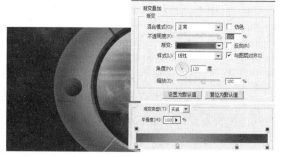

图6-46

20 在没有退出"图层样式"对话框的情况下，选择"斜面浮雕"和"描边"选项，并分别设置其对话框，得到如图6-47所示的效果。

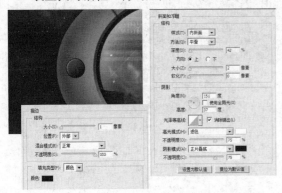

图6-47

21 复制"椭圆4"得到"椭圆4副本"，将其拖至"椭圆4"的下方，双击其"斜面和浮雕"图层样式名称以调出其对话框，然后设置其对话框的参数，分别取消其"渐变叠加"和"描边"样式选项，得到如图6-48所示的效果。

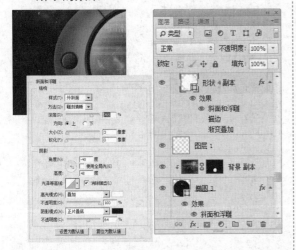

图6-48

22 在"椭圆4副本"为选中的状态下，同时按住【Ctrl】键将"椭圆4"也选中，按快捷键【Ctrl+G】将两图层合并成组，将组的名称命名为"按钮"。按快捷组合键【Ctrl+Alt+E】执行"盖印"操作，得到"按钮（合并）"图层。按快捷键【Ctrl+T】调出自由变换控制框，按住【Shift】键缩小图像并将其向下移动至如图6-49所示的位置，按【Enter】键确认变换操作。

图6-49

23 连续复制多个黑色的按钮，得到如图6-50所示的效果。

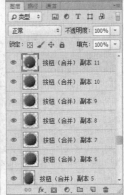

图6-50

24 下面将利用"钢笔工具" 和各种形状工具来绘制形状图层来制作播放器按钮上的标识，设置前景色的颜色值为（R：244，G：219，B：0），利用"钢笔工具" 以及其他的形状工具，在按钮上绘制标识，效果如图6-51所示，得到"形状1"。

图6-51

25 设置前景色为黑色，选择"圆角矩形工具" ▢，并在其工具选项栏中单击"形状图层"按钮 ▢，设置"半径"为5px，在播放器的上侧绘制矩形复制矩形，得到"圆角矩形1"，效果如图6-52所示。

图6-52

26 单击"添加图层样式"按钮 *fx*，在弹出的对话框中选择"斜面和浮雕"选项，设置弹出的对话框，得到如图6-53所示的效果。

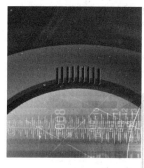

图6-53

27 选择"圆角矩形工具" ▢，在其工具选项栏中单击"形状图层"按钮 ▢，设置"半径"为20 px，在播放器的上方绘制如图6-54所示的矩形，得到"圆角矩形2"。

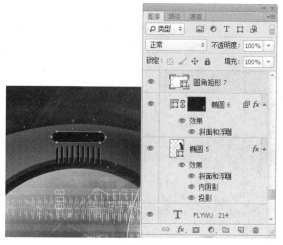

图6-54

28 单击"添加图层样式"按钮 *fx*，在弹出的菜单中执行"斜面和浮雕"命令，设置弹出的对话框，得到如图6-55所示的效果。

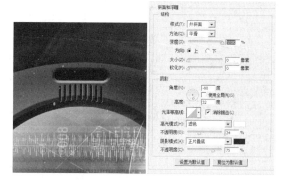

图6-55

29 设置前景色为白色，选择"横排文字工具" T，并在其工具选项栏中设置适当的字体与字号，在前面绘制的圆角矩形上输入文字，效果如图6-56所示，得到文字图层"FLY214"。

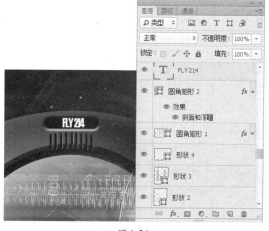

图6-56

30 重复上一步的操作方法，在播放器屏幕的中间输入文字，得到相应的文字图层"00：50"，设置"00：50"的"填充"值为50%，得到如图6-57所示的效果。

图6-57

31 单击"添加图层样式"按钮 *fx*，在弹出的菜单中执行"投影"命令，设置弹出的对话框，效果如图6-58所示。

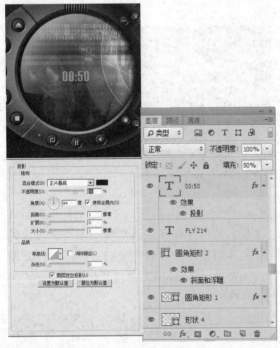

图6-58

32 下面还是利用形状图层和图层样式来制作右侧的播放器控制面板。首先利用"矩形工具"□在圆形播放器主栏的右侧绘制长方形，得到形状图层"矩形1"并将该层拖至所有图层下方，效果如图6-59所示。

33 单击"添加图层样式"按钮 *fx*，在弹出的菜单中选择"渐变叠加"选项，设置弹出的对话框，在"渐变编辑器"对话框中设置从左至右的色标的颜色值分别为（R：34，G：

34，B：34、R：120，G：120，B：120、R：37，G：37，B：37、R：11，G：13，B：8、R：21，G：25，B：28），效果如图6-60所示。

图6-59

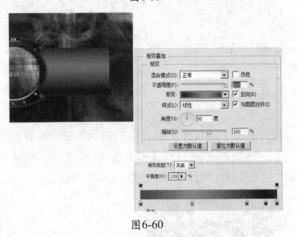

图6-60

34 利用"圆角矩形工具"□在圆形播放器主栏的右侧绘制一条如图6-61所示的形状，得到"圆角矩形3"。

图6-61

35 按快捷组合键【Ctrl+Alt+T】调出自由变换复制控制框，向下移动形状至如图6-62所示的位置，按【Enter】键确认变换操作，连续按快捷组合键【Ctrl+Alt+Shift+T】执行连续变换并复制命令，得到如图6-62所示的效果。

图6-62

36 单击"添加图层样式"按钮*fx*，在弹出的菜单中执行"斜面和浮雕"命令，设置弹出的对话框，得到如图6-63所示的效果。

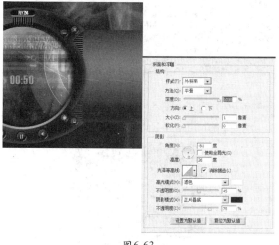

图6-63

37 下面将使用各种形状工具和图层样式来制作控制栏的控制区域，选择"圆角矩形工具" ⬜，在其工具选项栏中设置"半径"为15px，在播放器控制栏的上面绘制一个圆角矩形，得到"圆角矩形4"，效果如图6-64所示。

图6-64

38 单击"添加图层样式"按钮*fx*，在弹出的菜单中执行"渐变叠加"命令，设置弹出的对话框，在"渐变编辑器"对话框中设置从左至右的色标的颜色值分别为（R：34，G：34，B：34、R：120，G：120，B：120、R：37，G：37，B：37、R：11，G：13，B：8、R：21，G：25，B：28），效果如图6-65所示。

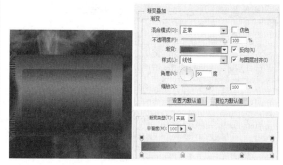

图6-65

39 在没有退出"图层样式"对话框时选择"描边"和"斜面和浮雕"选项，设置弹出的对话框，得到如图6-66所示的效果。

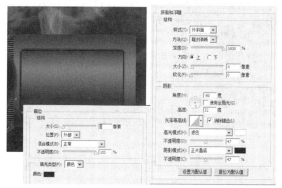

图6-66

40 下面将利用图层样式来制作控制区域的立体效果，复制"圆角矩形4"得到"圆角矩形4副本"，删除其图层样式中的"描边"样式并双击其"斜面和浮雕"样式，设置弹出的对话框，效果如图6-67所示。

41 下面将利用形状图层和图层样式来制作控制区域的滑块区域，选择"圆角矩形工具" ⬜，在其工具选项栏中设置"半径"为25px，在控制区域的左侧绘制一个圆角矩形，得到"圆角矩形5"，效果如图6-68所示。

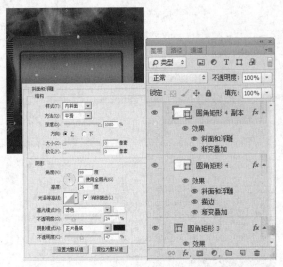

图6-67

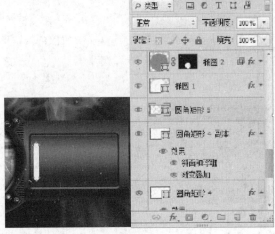

图6-68

42 重复步骤35的操作方法,利用"连续变换并复制"命令来得到更多的矩形,效果如图6-69所示。

图6-69

43 单击"添加图层样式"按钮 _fx_,在弹出的菜单中执行"斜面和浮雕"选项,设置弹出的对话框,效果如图6-70所示。

44 在没有退出"图层样式"对话框时选中"内阴影"选项,设置弹出的对话框,得

到如图6-71所示的效果。

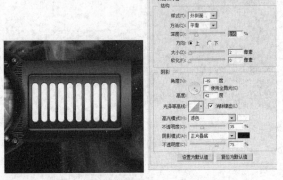

图6-70

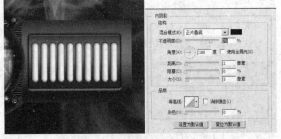

图6-71

45 设置"圆角矩形5"的"填充"值为0%,得到如图6-72所示的效果。

图6-72

46 设置前景色为白色,同样利用"圆角矩形工具" 再绘制几个滑块条,得到形状图层"圆角矩形6",效果如图6-73所示。

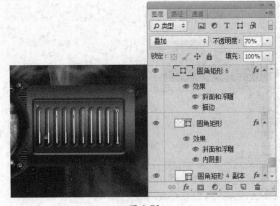

图6-73

47 设置"圆角矩形6"的混合模式为"叠加"模式，"不透明度"为70%，得到如图6-74所示的效果。

图6-74

48 单击"添加图层样式"按钮 *fx*，在弹出的菜单中选择"斜面和浮雕"选项，设置弹出的对话框，效果如图6-75所示。

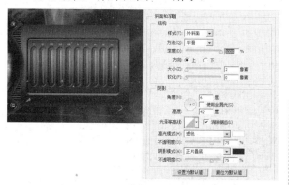

图6-75

49 在没有退出"图层样式"对话框时选中"描边"选项，设置弹出的对话框，得到如图6-76所示的效果。

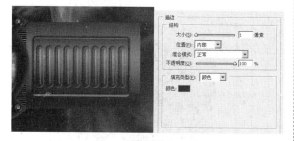

图6-76

50 下面将利用"圆角矩形"工具以及图层样式来制作控制滑块。同样利用"圆角矩形工具" 在滑条上绘制圆角矩形，得到"圆角矩形7"，效果如图6-77所示。

51 单击"添加图层样式"按钮 *fx*，在弹出的菜单中选择"渐变叠加"选项，设置弹出的对话框，在"渐变编辑器"对话框中设置从左至右的色标的颜色值为（R：223，G：73，B：0，R：120，G：28，B：3），效果如图6-78所示。

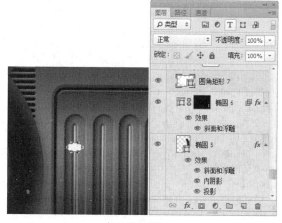

图6-77

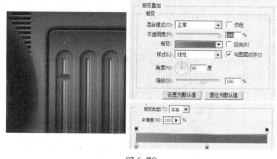

图6-78

52 在没有退出"图层样式"对话框时选择"描边"和"投影"选项，设置弹出的对话框，"描边"对话框中的色块的颜色值设置为（R：68，G：44，B：0），得到如图6-79所示的效果。

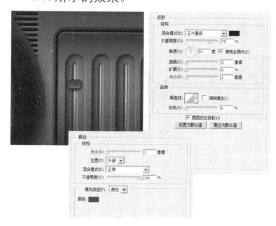

图6-79

53 下面将利用"圆角矩形工具" 和图层蒙版来制作控制滑块的高光部分，设置前景色为白色，同样利用"圆角矩形工具" 在滑块上绘制形状，得到"圆角矩形8"，如图6-80所示。

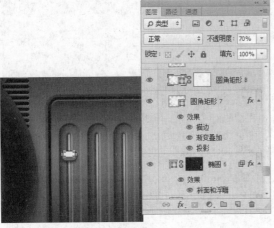

图6-80

54 设置"圆角矩形8"的"不透明度"为
70%，得到如图6-81所示的效果。

图6-81

55 单击"添加图层蒙版"按钮 🔲，为"圆角矩
形8"添加图层蒙版，设置前景色为黑色，
选择"画笔工具" 🖌，并在其工具选项栏
中设置适当的画笔大小及"不透明度"，
在"圆角矩形8"的形状的下方涂抹，得到
如图6-82所示的效果。

图6-82

56 在"圆角矩形8"为当前操作的状态下，按
住【Ctrl】键并单击"形状13"的图层名称
以将其选中，按快捷组合键【Ctrl+Alt+E】，
执行"盖印"操作，得到"圆角矩形8副
本"，使用"移动工具" ⛶，将其向右移动
至第2个滑条的上面，效果如图6-83所示。

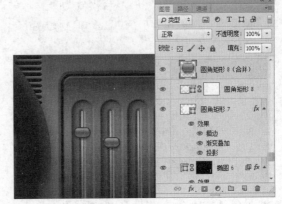

图6-83

57 继续复制滑块至每个滑条上并使其位于不同
的高度，效果如图6-84所示。

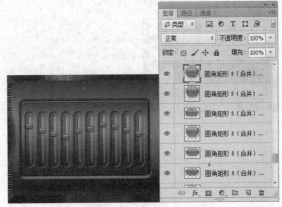

图6-84

58 复制"圆角矩形8"，得到"圆角矩形8副
本"，将"圆角矩形8副本"的颜色设置为
"黄色"，得到如图6-85所示的效果。

图6-85

59 在"圆角矩形8副本"的图层名称上单击鼠
标右键，在弹出的菜单中执行"删除图层
样式"命令，得到如图6-86所示的效果。

60 单击"添加图层蒙版"按钮 🔲，设置前景
色为黑色，选择"画笔工具" 🖌，并在其
工具选项栏中设置"不透明度"为100%，
"硬度"为100%并设置适当的"画笔大
小"，将红色滑块上方的颜色隐藏掉，效
果如图6-87所示。

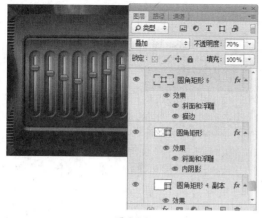

图6-86

图6-87

61 利用"横排文字工具" T 在滑块的上方输入白色的音量调节刻度数字及标识文字，并设置得到的文字图层的"不透明度"为50%，效果如图6-88所示。

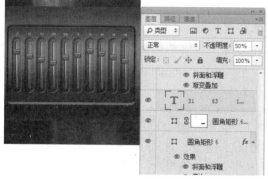

图6-88

62 利用"圆角矩形工具" □ 在播放器控制栏下方绘制如图6-89所示的两个形状，得到"圆角矩形9"。

图6-89

63 单击"添加图层样式"按钮 *fx*，在弹出的菜单中执行"渐变叠加"命令，设置弹出的对话框，得到如图6-90所示的效果。

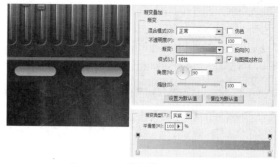

图6-90

64 在没有退出"图层样式"对话框的情况下，选择"斜面和浮雕"命令，设置弹出的对话框，得到如图6-91所示的效果。

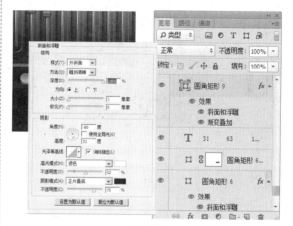

图6-91

65 设置前景色为黑色，利用"横排文字工具" T 在按钮上输入如图6-92所示的文字，并得到相应的文字图层。

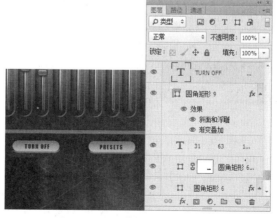

图6-92

66 单击"添加图层样式"按钮 *fx*，在弹出的菜单中选择"投影"选项，设置弹出的对话框，得到如图6-93所示的效果。

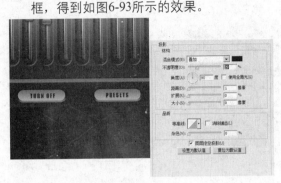

图6-93

67 下面利用形状工具绘制高光，设置前景色为白色，利用"圆角矩形工具" ◻绘制两条如图6-94所示的形状。

图6-94

68 得到"圆角矩形10"。设置"圆角矩形10"的"不透明度"为40%，得到如图6-95所示的效果。

图6-95

69 单击"添加图层蒙版"按钮 ◻为"圆角矩形10"添加图层蒙版，设置前景色为黑色，选择"画笔工具" ✎并在其工具选项条中设置适当的画笔大小及"不透明度"，然后对高光的下方进行涂抹以使其更加协调，效果如图6-96所示。

图6-96

70 下面利用"圆角矩形工具" ◻和图层样式绘制播放器控制栏上方的装饰按钮，利用"圆角工具"绘制如图6-97所示的形状，得到"圆角矩形11"。

图6-97

71 单击"添加图层样式"按钮 *fx*，在弹出的菜单中执行"渐变叠加"命令，设置弹出的对话框，得到如图6-98所示的效果。

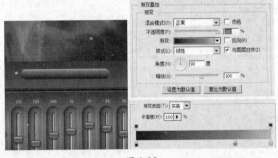

图6-98

72 在没有退出"图层样式"对话框的时候选择"斜面和浮雕"选项，设置该对话框，得到如图6-99所示的效果。

73 利用"横排文字工具" T输入如图6-100所示的文字，并得到相应的文字图层。

74 下面将利用"椭圆工具" ◯来制作音响的网点，利用"椭圆工具" ◯和步骤35制作控制区域滑条时用到的"连续变换并复制"命令，得到如图6-101所示的效果并得到"椭圆6"。

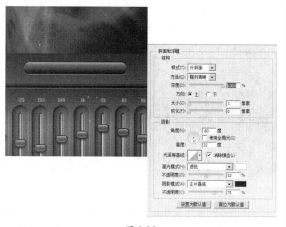

图6-99

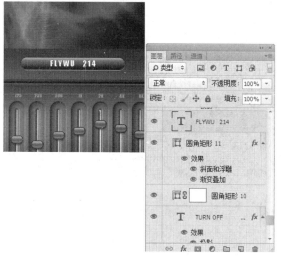

图6-100

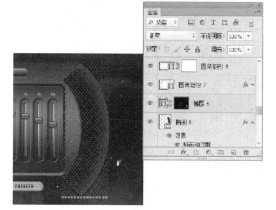

图6-101

75 下面将利用图层样式来制作网点的立体效果，单击"添加图层样式"按钮 fx，在弹出的菜单中选择"斜面和浮雕"选项，设置弹出的对话框，得到如图6-102所示的效果。

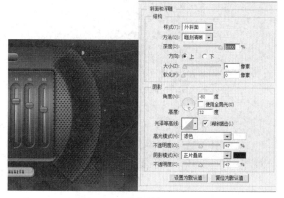

图6-102

76 按住【Ctrl】键并单击"椭圆5"的图层缩览图以载入其选区，单击"添加图层蒙版"按钮 □，为"椭圆6"添加图层蒙版，效果如图6-103所示。

图6-103

77 选择"椭圆6"的图层蒙版为当前操作状态，设置前景色为黑色，选择"画笔工具" ✐ 并在其工具选项栏中设置适当的画笔大小及"不透明度"，将音响暗处的网点适当地隐藏掉以增强其真实明暗效果，得到如图6-104所示的效果。

 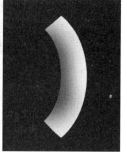

图6-104

78 按住【Alt】键并双击"椭圆6"的图层缩览图以调出其"混合选项"命令对话框，在对话框中选中"图层蒙版隐藏效果"复选项，得到如图6-105所示的效果。

图6-105

79 利用前面绘制的按钮制作播放器上的几个如图6-106所示的小按钮。

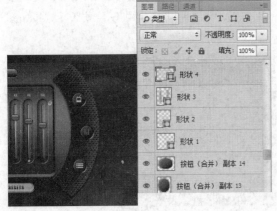

图6-106

80 制作完成后主播放器的整体效果如图6-107所示。

图6-107

81 剩余的播放器弹出界面与前面的制作方法几乎相同，只是颜色或许有些偏差，读者也可以根据自己的想法来调制颜色，许多的按钮可以从前面制作完成的按钮当中复制过来，其中第一个界面效果如图6-108所示。

82 如图6-109所示，第二个弹出栏中有醒目的文字标识，读者也可以根据自己的需要输入适合自己的文字。

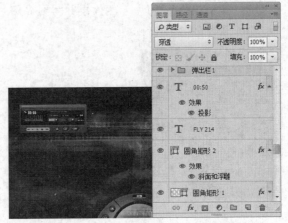

图6-108

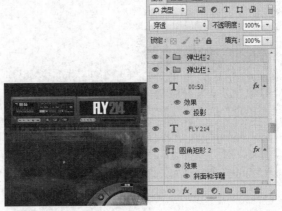

图6-109

83 使用"横排文字工具" T 在画面的右上侧输入如图6-110所示的文字并得到相应的文字图层"FLY214"。

图6-110

84 设置"FLY214"的混合模式为"叠加"模式，得到如图6-111所示的效果。

85 复制"FLY214"得到"FLY214副本"，设置"FLY214副本"的混合模式为"正常"模式，按快捷键【Ctrl+T】调出自由变换控制框，按住【Shift】键缩小文字至如图6-112所示的状态，按【Enter】键确认变换操作。

图6-111

图6-112

86 最终的效果如图6-113所示，整个播放器就完成了。

图6-113

6.3 课后练习

一、选择题

1．下列哪种文件存储格式不支持Alpha通道？（　　）

　　A．PDF　　　　　　　B．TIFF　　　　　　　C．PICT

　　D．Raw　　　　　　　E．JPEG　　　　　　　F．PSD

2．制作印刷品时应将文件设为何种模式？（　　）

　　A．RGB　　　　　　　B．Lab　　　　　　　C．CMYK　　　　　D．HSB

3．关于专色通道，下面说法正确的是（　　）。

　　A．专色只能在CMYK和Multichannel模式的文件中打印

　　B．可以将专色应用于单个图层

　　C．BMP和TGA格式支持专色通道

二、问答题

1．通道的基本功能是什么？

2．认识通道控制面板。

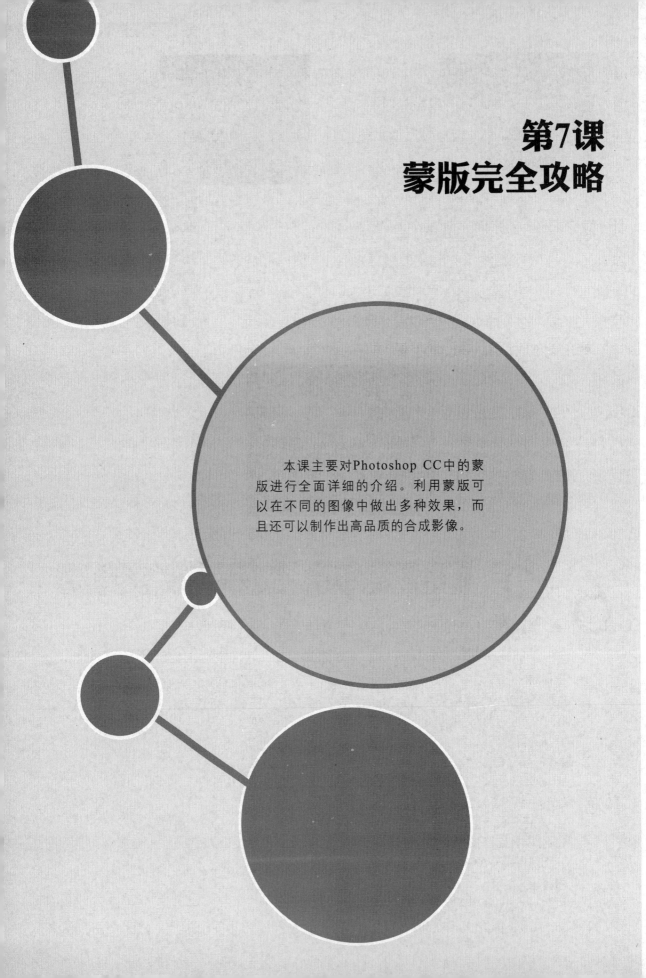

第7课
蒙版完全攻略

本课主要对Photoshop CC中的蒙版进行全面详细的介绍。利用蒙版可以在不同的图像中做出多种效果，而且还可以制作出高品质的合成影像。

7.1 基础知识讲解

7.1.1 蒙版的概念

蒙版即为一种透明的蒙版，覆盖在图像中以保护被遮挡的区域，从而只允许对其被遮挡以外的区域进行修改。蒙版与选区范围的功能是相同的，两者之间既可以相互转换又有所区别，操作者可以使用选取工具对选取范围进行修改。

7.1.2 图层蒙版的创建与删除

创建蒙版

方法1：在图像中绘制一个选区，然后执行菜单栏中的"选择"/"存储选区"命令，弹出"存储选区"对话框，单击"确定"按钮，即可创建一个蒙版，在"通道"面板中会显示该蒙版。

方法2：在"通道"面板中单击"将选区存储为通道"按钮 ⬚ ，也可以将选区存储为通道蒙版。

方法3：在"图层"面板中单击 ⬚ 按钮，在"通道"面板中产生图层蒙版。

方法4：在"通道"面板中新建Alpha通道并选中它，使用绘图工具或其他工具在图像中编辑，也可以产生一个蒙版。

方法5：利用工具箱中的"快速蒙版"按钮，产生一个快速蒙版。

删除蒙版

方法1：按住【Shift】键并单击图层面板上的蒙版缩视图，会出现一个红色的标记，表示当前蒙版已被关闭；也可以执行菜单栏中的"图层"/"停用图层蒙版"（按住【Shift】键可再次显示）命令。

图7-1

方法2：删除蒙版可直接拖动蒙版缩视图到图层面板下方的"垃圾筒"图标，出现图7-1所示的对话框，询问删除蒙版后的图层是否保留蒙版效果；也可以执行菜单栏中的"图层"/"移去图层蒙版"命令来删除蒙版。

7.1.3 使用快速蒙版

利用"快速蒙版"功能可以快速地将选取范围转换为蒙版，对该蒙版进行处理后，可以将其转换为一个精确的选取范围。创建快速蒙版的步骤如下。

使用选取范围工具创建一个选区，如图7-2所示。在工具箱中单击"快速蒙版"按钮，这时选区以外的部分会被50%的红色遮蔽，如图7-3所示。创建快速蒙版后，"通道"面板中会自动添加一个"快速蒙版"通道，如图7-4所示。编辑完成后单击工具箱中的"标准模式"按钮切换到标准模式后，"通道"面板中的快速蒙版就会马上消失，在图层中的蒙版通道也会随之消失，如图7-5所示。

图7-2

图7-3　　　　　　　　　　图7-4　　　　　　　　　　　　图7-5

7.1.4　图层蒙版

图层剪贴路径蒙版与分辨率无关，它是一个矢量的蒙版，是通过钢笔或形状工具来创建的。可以使用图层剪贴路径蒙版来显示或隐藏图层区域，创建锐化边缘的蒙版。

"图层"/"图层蒙版"菜单下的子菜单中，包括显示全部、隐藏全部、显示选区、隐藏选区和从透明区域选项，如图7-6所示。

"图层"/"矢量蒙版"菜单下的子菜单中，包括显示全部、隐藏全部、当前路径选项，如图7-7所示。

　　　　　　　　　　　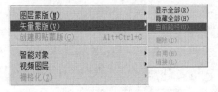

图7-6　　　　　　　　　　　　　　　　图7-7

当前路径

在执行"当前路径"命令前，应该先在当前图像上绘制好路径，然后执行菜单"图层"/"矢量蒙版"/"当前路径"命令，则当前图层路径内的部分将被显示，如图7-8所示。

图7-8

7.1.5 将图层剪贴路径蒙版转换为图层蒙版

将图层剪贴路径蒙版转换为图层蒙版，将矢量蒙版像素化，便于对蒙版进行编辑。先选中"图层"面板中的图层剪贴路径，然后执行"图层"/"栅格化"/"矢量蒙版"命令即可将图层剪贴路径蒙版转化为图层蒙版，如图7-9和图7-10所示。

图7-9

图7-10

7.1.6 删除图层剪贴路径

执行菜单"图层"/"矢量蒙版"/"删除"命令，即可删除图层剪贴路径。

另一种删除蒙版的方法是选中当前图层的路径蒙版图标，然后将其拖到"图层"面板下方的"垃圾桶"图标上，或选中"图层"面板的蒙版图标，直接单击"垃圾桶"图标，此时会弹出图7-11所示的对话框。删除图层剪贴路径的前后效果如图7-12和图7-13所示。

图7-11

图7-12

图7-13

实例应用：

● 光盘
07/实例应用/魅力地产海报设计.PDF

「魅力地产海报设计」

实例目标

"魅力"地产海报制作共分为4个部分。第1部分制作海报的背景效果；第2部分在图像中添加贝壳状图像；第3部分在贝壳状图像中添加一些内容丰富的画面；第4部分制作地产海报的主体文字和其他一些信息类的文字。

技术分析

　　在制作海报背景过程中运用到了图层填充、图层混合模式和图层蒙版等技术；在图像中添加贝壳状图像运用到了画笔工具、渐变工具、椭圆选框工具等技术；在为贝壳状图像添加内容时，大量地运用了图层蒙版对图像进行合成的技术。

制作步骤

01 新建文档。执行菜单"文件"/"新建"命令（或按快捷键【Ctrl+N】），设置弹出的"新建"命令对话框，如图7-14所示，单击"确定"按钮即可创建一个新的空白文档。

02 单击"图层"面板下方的"创建新的填充或调整图层"按钮 ⬮，在弹出的菜单中选择"渐变"命令，设置弹出的对话框，如图7-15所示。在对话框的编辑渐变颜色选择框中单击，可以弹出"渐变编辑器"对话框，在对话框中可以编辑渐变的颜色。

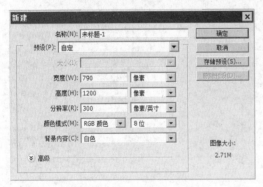

图7-14

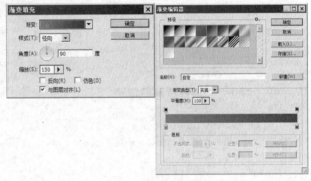

图7-15

03 设置完对话框后，单击"确定"按钮，得到图层"渐变填充1"，此时的效果如图7-16所示。

04 单击"图层"面板下方的"创建新的填充或调整图层"按钮 ⬮，在弹出的菜单中执行"渐变"命令，设置弹出的对话框，如图7-17所示。在对话框中的编辑渐变颜色选择框中单击，可以弹出"渐变编辑器"对话框，在对话框中可以编辑渐变的颜色。

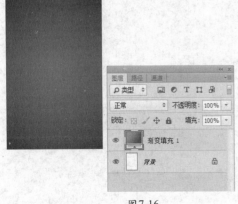

图7-16

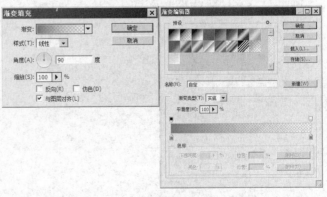

图7-17

05 设置完对话框后，单击"确定"按钮，得到图层"渐变填充2"，此时的效果如图7-18所示。

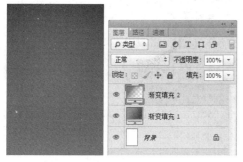

图7-18

06 打开图片。打开随书光盘中的"07/实例应用/素材1"图像文件，此时的图像效果和"图层"面板如图7-19所示。

图7-19

07 使用"移动工具" ，将图像拖动到第一步新建的文件中，得到"图层1"，按快捷键【Ctrl+T】，调出"自由变换"控制框，变换图像到如图7-20所示的状态，按【Enter】键确认操作。

图7-20

08 更改图层属性。设置"图层1"的图层混合模式为"明度"模式，图层不透明度为"52%"，图像效果和"图层"面板如图7-21所示。

图7-21

09 单击"添加图层蒙版"按钮 ，为"图层1"添加图层蒙版，设置前景色为黑色，使用"画笔工具" ，设置适当的画笔大小和透明度后，在图层蒙版中涂抹，得到如图7-22所示的效果。

图7-22

10 打开图片。打开随书光盘中的"07/实例应用/素材2"图像文件，此时的图像效果和"图层"面板如图7-23所示。

图7-23

11 使用"移动工具" ，将图像拖动到第一步新建的文件中，得到"图层2"，按快捷键【Ctrl+T】，调出自由变换控制框，变换图像到如图7-24所示的状态，按【Enter】键确认操作。

图7-24

12 更改图层混合模式。设置"图层2"的图层
混合模式为"正片叠底"模式，图像效果
和"图层"面板如图7-25所示。

图7-25

13 打开图片。打开随书光盘中的"07/实例应
用/素材 3"图像文件，此时的图像效果和
"图层"面板如图7-26所示。

图7-26

14 使用"移动工具"，将图像拖动到第一
步新建的文件中，得到"图层3"，按快捷
键【Ctrl+T】，调出自由变换控制框，变换
图像到如图7-27所示的状态，按【Enter】
键确认操作。

图7-27

15 选择"图层2"，单击面板底部的"创建新
图层"按钮，新建一个图层，得到"图
层4"，设置前景色的颜色值为edb4d1，选
择"画笔工具"，设置适当的画笔大小
和透明度后，在"图层5"中涂抹，得到如
图7-28所示的效果。

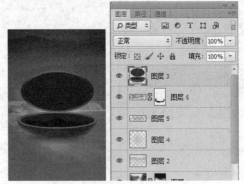

图7-28

16 制作阴影。单击面板底部的"创建新图
层"按钮，新建一个图层，得到"图
层5"，设置前景色为黑色，选择"画笔
工具"，设置适当的画笔大小和透明度
后，在"图层5"中涂抹，得到如图7-29所
示的效果。

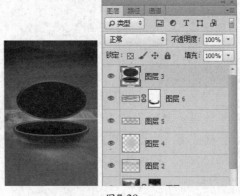

图7-29

17 打开图片。打开随书光盘中的"07/实例应用/素材4"图像文件，此时的图像效果和"图层"面板如图7-30所示。

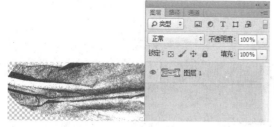

图7-30

18 使用"移动工具" ，将图像拖动到第一步新建的文件中，得到"图层6"，按快捷键【Ctrl+T】，调出自由变换控制框，变换图像到如图7-31所示的状态，按【Enter】键确认操作。

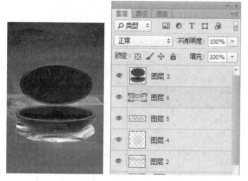

图7-31

19 更改图层混合模式。设置"图层6"的图层混合模式为"正片叠底"模式，图像效果和"图层"面板如图7-32所示。

图7-32

20 单击"添加图层蒙版"按钮 ，为"图层6"添加图层蒙版，设置前景色为黑色，使用"画笔工具" ，设置适当的画笔大小和透明度后，在图层蒙版中涂抹，得到如图7-33所示的效果。

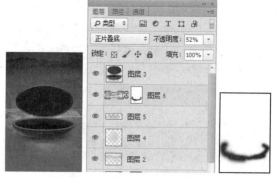

图7-33

21 选择"椭圆选框工具" ，在图像中绘制椭圆形选区。选择"渐变工具" ，设置好工具选项条后，在渐变颜色选择框中单击，可以弹出"渐变编辑器"对话框，在对话框中可以编辑渐变的颜色，如图7-34所示。

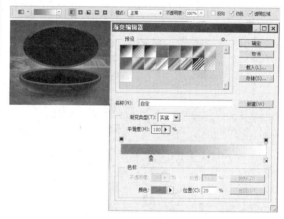

图7-34

22 选择"图层3"，单击面板底部的"创建新图层"按钮 ，新建一个图层，得到"图层7"，使用设置好的"渐变工具"，在选区中从上往下绘制渐变，按快捷键【Ctrl+D】取消选区，得到如图7-35所示的效果。

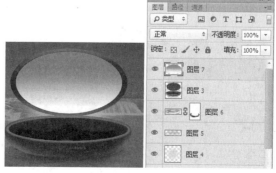

图7-35

23 选择"椭圆选框工具" ，在图像中绘制椭圆形选区。选择"渐变工具" ，设置好工具选项栏后，在渐变颜色选择框中单击，可以弹出"渐变编辑器"对话框，在对话框中可以编辑渐变的颜色，如图7-36所示。

图7-36

24 单击面板底部的"创建新图层"按钮 ，新建一个图层，得到"图层8"，使用设置好的渐变工具，在选区中从上往下绘制渐变，按快捷键【Ctrl+D】取消选区，得到如图7-37所示的效果。

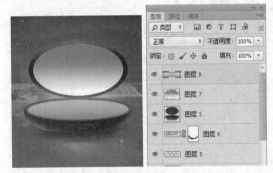

图7-37

25 单击"添加图层蒙版"按钮 ，为"图层8"添加图层蒙版，设置前景色为黑色，使用"画笔工具" ，设置适当的画笔大小和透明度后，在图层蒙版中涂抹，得到如图7-38所示的效果。

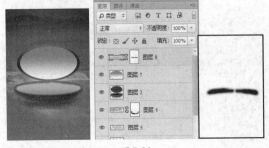

图7-38

26 打开图片。打开随书光盘中的"07/实例应用/素材 5"图像文件，此时的图像效果和"图层"面板如图7-39所示。

图7-39

27 选择"图层7"，使用"移动工具" ，将图像拖动到第一步新建的文件中，得到"图层9"，按快捷组合键【Ctrl+Alt+G】，执行"创建剪贴蒙版"操作，按快捷键【Ctrl+T】，调出自由变换控制框，将"图层9"中的图像变换到如图7-40所示的状态，按【Enter】键确认操作。

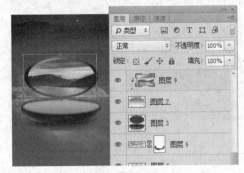

图7-40

28 打开图片。打开随书光盘中的"07/实例应用/素材 6"图像文件，此时的图像效果和"图层"面板如图7-41所示。

图7-41

29 使用"移动工具" ，将图像拖动到第一步新建的文件中，得到"图层10"，按快捷键【Ctrl+Alt+G】，执行"创建剪贴蒙版"操作，按快捷键【Ctrl+T】，调出自由变换控制框,将"图层10"中的图像变换到如图7-42所示的状态,按【Enter】键确认操作。

图7-42

30 打开图片。打开随书光盘中的"07/实例应用/素材 7"图像文件,此时的图像效果和"图层"面板如图7-43所示。

图7-43

31 使用"移动工具" ▶⊕ ,将图像拖动到第一步新建的文件中,得到"图层11",按快捷键【Ctrl+T】,调出自由变换控制框,变换图像到如图7-44所示的状态,按【Enter】键确认操作。

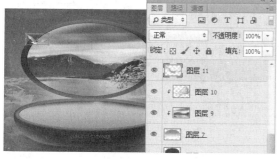

图7-44

32 打开图片。打开随书光盘中的"07/实例应用/素材 8"图像文件,此时的图像效果和"图层"面板如图7-45所示。

图7-45

33 使用"移动工具" ▶⊕ ,将图像拖动到第一步新建的文件中,得到"图层12",按快捷键【Ctrl+T】,调出自由变换控制框,变换图像到如图7-46所示的状态,按【Enter】键确认操作。

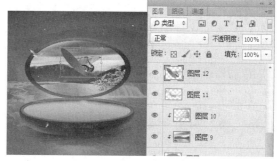

图7-46

34 打开图片。打开随书光盘中的"07/实例应用/素材 9"图像文件,此时的图像效果和"图层"面板如图7-47所示。

图7-47

35 选择"图层 8",使用"移动工具" ▶⊕ ,将图像拖动到第一步新建的文件中,得到"图层13",按快捷组合键【Ctrl+Alt+G】,执行"创建剪贴蒙版"操作,按快捷键【Ctrl+T】,调出自由变换控制框,将"图层13"中的图像变换到如图7-48所示的状态，按【Enter】键确认操作。

图7-48

36 单击"添加图层蒙版"按钮 ■ ，为"图层13"添加图层蒙版，设置前景色为黑色，使用"画笔工具" ✐ ，设置适当的画笔大小和透明度后，在图层蒙版中涂抹，其涂抹状态如图7-49所示。

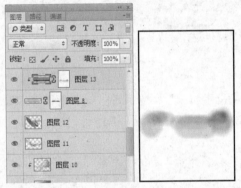

图7-49

37 涂抹图层蒙版后，"图层13"中的部分图像就被渐隐起来并和下方图像的颜色混合在一起，如图7-50所示。

图7-50

38 打开图片。打开随书光盘中的"07/实例应用/素材 10"图像文件，此时的图像效果和"图层"面板如图7-51所示。

图7-51

39 使用"移动工具" ▶⊹ ，将图像拖动到第一步新建的文件中，得到"图层14"，按快捷键【Ctrl+T】，调出自由变换控制框，将"图层14"中的图像变换到如图7-52所示的状态，按【Enter】键确认操作。

图7-52

40 单击"添加图层蒙版"按钮 ■ ，为"图层14"添加图层蒙版，设置前景色为黑色，使用"画笔工具" ✐ ，设置适当的画笔大小和透明度后，在图层蒙版中涂抹，得到如图7-53所示的效果。

图7-53

41 单击面板底部的"创建新图层"按钮 ▣ ，新建一个图层，得到"图层15"，按快捷键【Ctrl+A】，执行"全选"操作，执行"编辑"/"描边"命令，设置弹出的对话框，如图7-54所示。

图7-54

42 设置完"描边"对话框的参数后，单击"确定"按钮，得到如图7-55所示的最终效果。

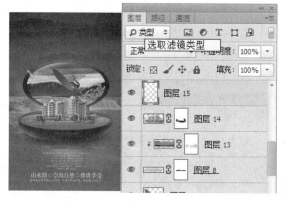

图7-55

43 打开图片。打开随书光盘中的"07/实例应用/素材11"图像文件，使用"移动工具" ，将图像拖动到第一步新建的文件中，得到"图层16"，按快捷键【Ctrl+T】，调出自由变换控制框，变换图像到如图7-56所示的状态，按【Enter】键确认操作。

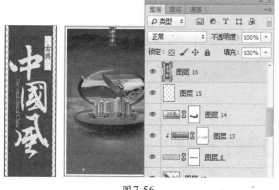

图7-56

44 设置前景色为白色，使用"横排文字工具" ，设置适当的字体和字号，在图像下方输入主题文字，得到相应的文字图层，此时的效果如图7-57所示。

图7-57

45 打开图片。打开随书光盘中的"07/实例应用/素材12"图像文件，此时的图像效果和"图层"面板如图7-58所示。

图7-58

46 使用"移动工具" ，将图像拖动到第一步新建的文件中，得到"图层17"，按快捷键【Ctrl+T】，调出自由变换控制框，将"图层17"中的图像变换到如图7-59所示的状态，按【Enter】键确认操作。

图7-59

47 按快捷键【Ctrl+J】，复制"图层17"，得到"图层17副本"，按快捷键【Ctrl+T】，调出自由变换控制框，将图像变换到如图7-60所示的状态，按【Enter】键确认操作。

图7-60

48 选择"图层17",按快捷键【Ctrl+J】,复制"图层17",得到"图层17副本2",按快捷键【Ctrl+T】,调出自由变换控制框,将图像变换到如图7-61所示的状态,按【Enter】键确认操作。

图7-61

49 更改图层不透明度。设置"图层17副本2"

的图层不透明度为"10%",图像效果和"图层"面板如图7-62所示。

图7-62

50 最终效果。使用"横排文字工具" ，设置适当的字体和字号,在图像下方输入文字,得到相应的文字图层,如图7-63所示。

图7-63

7.3 拓展训练：魅力地产海报延展设计

本例是上一节地产广告的另一个方案,它是以上一节制作好的背景和文字为基础,通过重新调整背景的颜色和更换新的主体图像,来制作地产广告的另外一种新效果,在更换新的主体图像时也大量地运用了图层蒙版技术。

01 打开上一节制作好的地产广告文件,将文件中的多余图层删除,此时的图像效果和"图层"面板如图7-64所示。

02 选择"图层2"为当前操作图层,单击"图层"面板下方的"创建新的填充或调整图层"按钮 ，在弹出的菜单中执行"渐变"命令,设置弹出的对话框如图7-65所示。在对话框的编辑渐变颜色选择框中单击,可以弹出"渐变编辑器"对话框,在对话框中可以编辑渐变的颜色。

图7-64

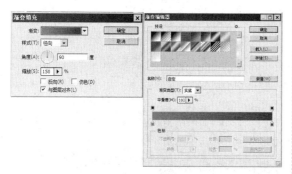

图7-65

03 设置完对话框后，单击"确定"按钮，得到图层"渐变填充3"，此时的效果如图7-66所示。

图7-66

04 更改图层混合模式。设置"渐变填充3"的图层混合模式为"颜色"模式，图像效果和"图层"面板如图7-67所示。

图7-67

05 打开图片。打开随书光盘中的"07/拓展训练/素材 1"图像文件，此时的图像效果和"图层"面板如图7-68所示。

06 选中"07/拓展训练/素材1"文件中的所有图层，使用"移动工具" ，将图像拖动到第一步新建的文件中，得到相应的图层，按快捷键【Ctrl+T】，调出自由变换控

制框，变换图像到如图7-69所示的状态，按【Enter】键确认操作。

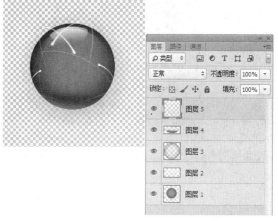

图7-68

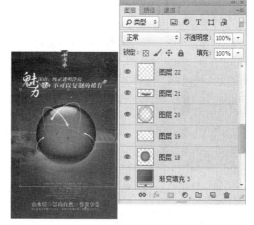

图7-69

07 打开图片。选择"图层18"为当前操作图层，打开随书光盘中的"07/拓展训练/素材2"图像文件，此时的图像效果和"图层"面板如图7-70所示。

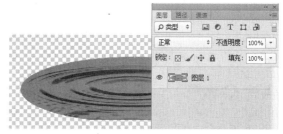

图7-70

08 使用"移动工具" ，将图像拖动到第一步新建的文件中，得到"图层23"，按快捷键【Ctrl+T】，调出自由变换控制框，变换图像到如图7-71所示的状态，按【Enter】键确认操作。

图7-71

09 更改图层属性。设置"图层23"的图层混合模式为"明度"模式,图层不透明度为"76%",图像效果和"图层"面板如图7-72所示。

图7-72

10 单击"添加图层蒙版"按钮 ◻,为"图层23"添加图层蒙版,设置前景色为黑色,使用"画笔工具" ✐,设置适当的画笔大小和透明度后,在图层蒙版中涂抹,得到下图7-73所示的效果。

图7-73

11 打开图片。选择"图层23"为当前操作图层,打开随书光盘中的"07/拓展训练/素材3"图像文件,此时的图像效果和"图层"面板如图7-74所示。

图7-74

12 使用"移动工具" ▶⊕,将图像拖动到第一步新建的文件中,得到"图层24",按快捷键【Ctrl+T】,调出自由变换控制框,变换图像到如图7-75所示的状态,按【Enter】键确认操作。

图7-75

13 单击"添加图层蒙版"按钮 ◻,为"图层24"添加图层蒙版,设置前景色为黑色,使用"画笔工具" ✐,设置适当的画笔大小和透明度后,在图层蒙版中涂抹,得到如图7-76所示效果。

图7-76

14 打开图片。选择"图层24"为当前操作图层，打开随书光盘中的"07/拓展训练/素材4"图像文件，此时的图像效果和"图层"面板如图7-77所示。

图7-77

15 使用"移动工具" ，将图像拖动到第一步新建的文件中，得到"图层25"，按快捷键【Ctrl+T】，调出自由变换控制框，变换图像到如图7-78所示的状态，按【Enter】键确认操作。

图7-78

16 单击"添加图层蒙版"按钮 ，为"图层25"添加图层蒙版，设置前景色为黑色，使用"画笔工具" ，设置适当的画笔大小和透明度后，在图层蒙版中涂抹，得到如图7-79所示的效果。

图7-79

17 打开图片。选择"图层20"为当前操作图

层，打开随书光盘中的"07/拓展训练/素材5"图像文件，此时的图像效果和"图层"面板如图7-80所示。

图7-80

18 使用"移动工具" ，将图像拖动到第一步新建的文件中，得到"图层26"，按快捷键【Ctrl+T】，调出自由变换控制框，变换图像到如图7-81所示的状态，按【Enter】键确认操作。

图7-81

19 单击"添加图层蒙版"按钮 ，为"图层26"添加图层蒙版，设置前景色为黑色，使用"画笔工具" ，设置适当的画笔大小和透明度后，在图层蒙版中涂抹，得到如图7-82所示的效果。

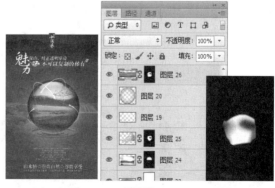

图7-82

20 打开图片。选择"图层21"为当前操作图层，打开随书光盘中的"07/拓展训练/素材

6"图像文件，此时的图像效果和"图层"面板如图7-83所示。

面板如图7-86所示。

图7-83

21 使用"移动工具" ，将图像拖动到第一步新建的文件中，得到"图层27"，按快捷键【Ctrl+T】，调出自由变换控制框，变换图像到如图7-84所示的状态，按【Enter】键确认操作。

图7-84

22 单击"添加图层蒙版"按钮 ，为"图层27"添加图层蒙版，设置前景色为黑色，使用"画笔工具" ，设置适当的画笔大小和透明度后，在图层蒙版中涂抹，得到如图7-85所示的效果。

23 打开图片。选择"图层27"为当前操作图层，打开随书光盘中的"07/拓展训练/素材7"图像文件，此时的图像效果和"图层"

图7-85

图7-86

24 最终效果。使用"移动工具" ，将图像拖动到第一步新建的文件中，得到"图层28"，按快捷键【Ctrl+T】，调出自由变换控制框变换图像，得到如图7-87所示的效果。

图7-87

7.4 课后练习

一、选择题

1. 按住（　）键并单击图层面板上的蒙版缩略图，会出现一个红色的标记，表示当前蒙版已被关闭；执行菜单"图层"/"停用图层蒙版"命令可再次显示。

  A．Ctrl+W   B．Alt   C．Shift   D．Shift+Tab

2．为指定图层建一个临时的空白蒙版，然后用黑色画一个"圆"。这时，图像中的不可见区域是（   ）。

  A．除黑色"圆"形外的区域   B．黑色"圆"形区域

  C．介于黑白之间   D．都不可见

二、问答题

1．什么叫蒙版？

2．创建蒙版有几种方法？

3．删除图层矢量蒙版的方法有哪些？

4．怎样使用图层剪贴蒙版？

第8课
路径的使用

　　本课主要讲解路径工具的使用及路径的应用。路径在Photoshop中起着非常重要的作用，不仅可以绘制图形，而且还可以制作精确的选择区域。路径工具是一种矢量绘图工具，其绘制的图形不同于其他工具绘制的点阵图像；它可以绘制直线路径和光滑的曲线路径。路径工具包括3组工具：路径工具、形状工具和路径选择工具。

8.1 基础知识讲解

8.1.1 路径的概念

路径是通过绘制得到的点、直线或曲线，用户可以对线条进行填充和描边，可以得到对象的轮廓。

路径的特点是可以比较精确地调整和修改选区的形状，完成一些简单的选择工具无法描绘的复杂图像。路径可以转换为选区，选区也可以转换为路径。

路径是矢量线条，清晰度和图像的分辨率无关，可以任意地缩放和变形而保持清晰的边缘。

路径的存储空间较小，并可以在Illustrator等矢量软件中重新进行编辑。

8.1.2 路径的基本组成元素

如果要真正理解路径的特征与用法，必须要了解一些有关路径的基本概念。路径中包含了两个部分：一个是节点，它是路径段间的连接点；另一部分是节点间的路径段，它可以是直线或曲线。路径是由许多节点和路径段连接组合成的，如图8-1所示。

拖动方向点可以改变方向线的长短和方向，而方向线的改变直接影响着路径段的方向和弧度，方向线始终与路径段保持相切关系。节点被选中时为实心方块，否则为空心方块，它分为曲线点和角点，如图8-2所示。当调整曲线点的一侧方向线时，该点另一侧的方向线会同时做对称运动；而当调整角点的一侧方向线时，则只调整与该方向线同一侧的路径，另一侧路径段不受影响，也就是说角点两侧伸出的方向线和方向点具有相对独立性。曲线点转化为角点的方法是按住【Alt】键，调整曲线点一侧的方向线，则此曲线点变为角点的属性。

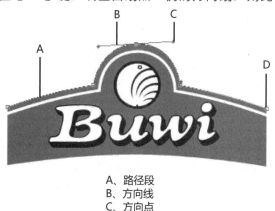

A、路径段
B、方向线
C、方向点
D、节点

图8-1

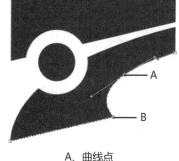

A、曲线点
B、角点

图8-2

8.1.3 路径工具的使用

钢笔工具

"钢笔工具" ◊.是所有路径工具组中最精确的工具，也是最基本和最常用的路径绘制工具，主要用来绘制直的或弯曲的路径。下面主要以"钢笔工具"为例讲解路径工具的使用。

绘制直线路径

在工具箱中选择"钢笔工具"，在图像上单击鼠标以绘制起点。

用鼠标在图像的另一个位置再单击下一点，两点间就会连成一条直线，继续绘制其他节点，当终点和起点重合时，鼠标指针右下方便会出现一个小圆圈，表示封闭路径，如图8-3所示。

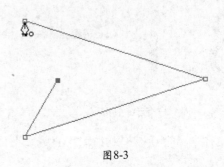

图8-3

绘制曲线路径

选择"钢笔工具" ，将鼠标指针放在曲线开始的位置，单击鼠标并拖曳，第一个节点和方向线便会出现。

将鼠标指针置于第二个节点的位置单击鼠标并沿需要的曲线方向拖移。拖移时，笔尖会导出两个方向线，方向线的长度和斜率决定曲线段的形状。

为了更好地控制曲线的方向，可以在绘制曲线某一节点完成后释放鼠标，按住【Alt】键，单击方向点并拖曳，此时不会影响另一侧的方向线。这样，有利于以后进行曲线方向的控制。将鼠标指针放在下一条线段需要的位置进行拖移，完成路径的操作，如图8-4所示。

图8-4

若要结束开放路径，按住Ctrl键再单击路径以外的任何位置。要闭合路径，将钢笔指针放在路径的第一个节点上。如果放置的位置正确，则鼠标指针右下方会出现一个小圆圈。

8.1.4 路径和选区的转换

将编辑好的路径转换成选区

通过"路径"面板可以将一个闭合路径转换为选区。这样就可以通过路径工具制作出许多复杂的选区范围。在完成路径绘制后，按住【Ctrl】键并单击"路径"面板中的路径缩览图，或单击"路径"面板下方的"将路径作为选区载入"按钮 ，此时该闭合路径会转换为选区。若要对选取范围做比较精确的控制，则执行"路径"面板下拉菜单中的"建立选区"命令，可以在"建立选区"对话框中进行设置，如图8-5所示。

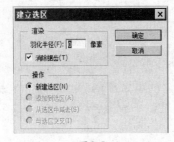

图8-5

将创建的选区转换成路径

　　将一个选区范围转换成路径，可以单击"路径"面板中的"从选区生成工作路径"按钮，就可以以默认的设置将该选区范围转换为路径。若要修改设置，当建立完选区后，按住【Alt】键并单击"路径"面板底部的"从选区生成工作路径"按钮，或选择"路径"面板菜单中的"建立工作路径"命令，会弹出"建立工作路径"对话框，在此可控制转换后的路径的平滑度，范围是0.5～10.0像素，值越大所产生的锚点越少，线条越平滑。设置完成后，单击"确定"按钮，即可将选区转为路径，如图8-6所示。

图8-6

8.1.5　填充和描边路径

填充路径

　　填充路径命令可以使用指定的颜色、图像的状态、图案或填充图层填充包含像素的路径。在"路径"面板中选中要填充的路径，然后单击"路径"面板底部的"用前景色填充路径"按钮，或在"路径"面板菜单中执行"填充路径"命令，如图8-7所示。

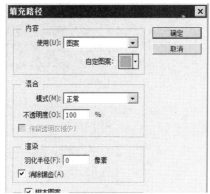

图8-7

描边路径

　　路径所围成的边线可以利用各种色彩的画笔进行描边，并且可以任意选择描边的绘图工具。选择要描边的路径，单击"路径"面板底部的"用画笔描边路径"按钮，便会以默认方式进行描边；如果想对描边进行设置，可执行"路径"面板弹出式菜单中的"描边路径"命令，弹出"描边路径"对话框，在此对话框中选择一种描绘工具即可用前景色对其描边，（如果直接单击"路径"面板下面的"用画笔描边路径"按钮，系统将会以默认设置描边路径。）如图8-8所示。

图8-8

提示

　　在描边之前，需要将描边工具的颜色、模式、不透明度和画笔等参数设置好，然后再选择"描边"命令。如果路径是隐藏的，则不能进行填充和描边操作。

8.2 实例应用：

「菜谱设计」

🔘 光盘
08/实例应用/菜谱设计.PSD

实例目标

　　菜谱的制作流程分为4部分。第1部分制作菜谱的整体构图和色调；第2部分为菜谱的红色部分添加一些底纹效果；第3部分绘制标志和输入文字信息；第4部分制作菜谱的立体效果图。

技术分析

　　本例主要运用"钢笔工具"绘制路径，在制作过程中应用到渐变、描边路径、填充路径、自由变换、蒙版等，最后应用"文字工具"使画面变得更加活跃。

制作步骤

01 执行"文件"/"新建"命令，弹出"新建"对话框，进行图8-9所示的参数设置，单击"确定"按钮完成新建文件。

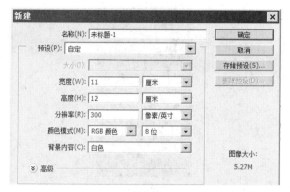

图8-9

02 按快捷键【Ctrl+R】调出标尺，选择工具箱中的"移动工具"，在左边标尺处拖出参考线，按照上边的标尺，将封面由封底均等分开，中间留出空隙，如图8-10所示。

图8-10

03 选择工具箱中的"矩形选框工具"，在4厘米标尺处向右拖出选区范围，设置前景色为（C：46，M：100，Y：80，K：15），背景色为（C：53，M：100，Y：100，K：40），选择工具箱中的"渐变工具"，新建"图层1"，由上到下做线性渐变。按快捷键【Ctrl+D】取消选区，显示图8-11所示的效果。

图8-11

04 添加画面的高亮部分。选择工具箱中的"多边形套索工具"，绘制出路径范围，如图8-12所示。

图8-12

05 将闭合路径变为选区范围，按快捷组合键【Ctrl+Alt+D】执行"羽化"命令，在弹出的对话框中设置羽化半径值为200，单击"确定"按钮，效果如图8-13所示。

图8-13

06 设置前景色为（C：31，M：98，Y：51，K：2），新建"图层2"，按快捷键【Alt+Delete】填充"图层2"。按快捷键【Ctrl+D】取消选区，如图8-14所示。

图8-14

07 由于羽化值比较大，造成填充后的范围过大，按住【Ctrl】键，单击"图层1"，按快捷组合键【Ctrl+Shift+I】执行"反选"命令，按【Delete】键删除选区内容，显示如图8-15所示的效果。

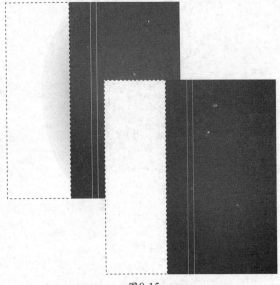

图8-15

08 按快捷键【Ctrl+D】取消选区，选择工具箱中的"钢笔工具" ，绘制路径，选中并复制，按快捷键【Ctrl+T】执行"水平翻转"命令，显示如图8-16所示的效果。

图8-16

09 按【Enter】键确认"水平翻转"操作，按方向键移动路径并调整位置，如图8-17所示。

图8-17

10 选择工具箱中的"钢笔工具" ，将两个单个的路径连成闭合状态，按快捷键【Ctrl+Enter】将路径变为选区，如图8-18所示。

图8-18

11 分别选中"图层1"和"图层2"，按【Delete】键删除选区内容，保留选区，如图8-19所示。

图8-19

12 新建"图层3"，执行"编辑"/"描边"命令，弹出"描边"对话框，设置完成后单击"确定"按钮，保留选区，如图8-20所示。

图8-20

13 执行"选择"/"修改"/"收缩"命令，弹出"收缩选区"对话框，设置收缩量为5像素，执行"编辑"/"描边"命令，弹出"描边"对话框，设置完成后单击"确定"按钮，按快捷键【Ctrl+D】取消选区，如图8-21所示。

图8-21

14 添加花纹。如果封面只填充颜色，就显得单调一些，添加一些花纹，效果就会焕然一新。选择工具箱中的"钢笔工具" ，绘制花纹，此步骤有些单调，读者要耐心绘制每一笔，如图8-22所示。

图8-22

15 选中花形路径，按快捷键【Ctrl+T】执行"自由变换"命令，将路径等比缩小并调整到适当大小，显示为如图8-23所示的效果。

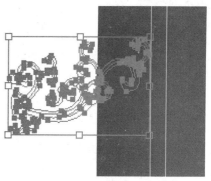

图8-23

16 按【Enter】键确认"自由变换"操作，选择工具箱中的"路径选择工具" ，选中路径后复制并移动。为了产生变化，执行"自由变换"命令旋转路径，重复此操作多次，将路径填满画面，效果如图8-24所示。

图8-24

17 由于画面颜色的深浅不同，路径描边的颜色也要有区分，画面下面的颜色较深，路径描边的颜色要浅一些，设置前景色为（C：32，M：99，Y：51，K：0）。新建图层，将画面下方的路径选中，选择工具箱中的"画笔工具" ，调整笔触为尖角，设置其大小为4，单击"路径"面板底部的"用画笔描边路径"按钮 ，显示如图8-25所示的效果。

图8-25

18 画面中间部分的颜色浅一些，路径描边的颜色要深一些，设置前景色为（C：32，M：99，Y：51，K：0）。新建图层，将画面中间部分的路径选中，选择工具箱中的"画笔工具" ，调整笔触为尖角，设置其大小为4，单击"路径"面板底部的"用画笔描边路径"按钮 ，显示如图8-26所示的效果。

图8-26

19 画面上面的颜色比中间深，路径描边的颜色要浅一些，设置前景色为（C：44，M：100，Y：75，K：9）。新建图层，将画面上面的路径选中，选择工具箱中的"画笔工具" ，调整笔触为尖角，设置其大小为4，单击"路径"面板底部的"用画笔描边路径"按钮 ，显示如图8-27所示的效果。

图8-27

20 完成路径描边，单击"路径"面板的空白处，将路径隐藏，效果如图8-28所示。

21 删除多余的花纹。选中花纹图层，按住【Ctrl】键单击"图层1"以载入选区。单击"图层"面板底部的"添加矢量蒙版"按钮，去掉多余的花纹。用同样的方法删除各个图层的多余花纹。效果如图8-29所示。

图8-28

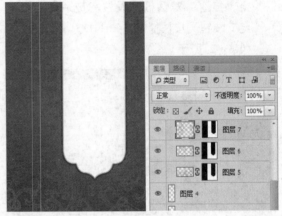

图8-29

22 边缘部分还残留一些毛边，按住【Ctrl】键单击"图层3"以载入选区，选中花纹图层，按【Delete】键删除毛边，效果如图8-30所示。

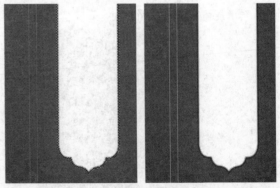

图8-30

23 下方的花纹有些抢眼，为了让画面更协调，可以在选中图层后调整"不透明度"。给画面添加一暖色调颜色，设置前景色为（C：1，M：1，Y：9，K：0），按快捷键【Alt+Delete】填充背景层，效果如图8-31所示。

图8-31

24 绘制标志。选择工具箱中的"钢笔工具" ◊ ，
勾出花形路径。新建图层，将花形的根部
和尖部分别选中，设置不同的前景色，选
择工具箱中的"画笔工具" ✐ ，调整笔触为
尖角并设置不同的大小，单击"路径"面
板底部的"用画笔描边路径"按钮 ○ ，显
示如图8-32所示的效果。

图8-32

25 描边后的图形显得有些单薄，选择工具箱中
的"钢笔工具" ◊ ，沿着花形绘制路径，设
置前景色为（C：23，M：78，Y：35，K：0），
新建图层，单击"路径"面板底部的"用
前景色填充路径"按钮 ● ，效果如图8-33
所示。

图8-33

26 设置前景色为（C：44，M：100，Y：75，K：
9），选择工具箱中的"画笔工具" ✐ ，调
整笔触为尖角并设置其大小，单击"路径"
面板底部的"用画笔描边路径"按钮 ○ ，
显示如图8-34所示的效果。

图8-34

27 新建图层。选择工具箱中的"画笔工具" ✐ ，
调整笔触为尖角，调整大小，直接绘制花
形根部。选择工具箱中的"钢笔工具" ◊ ，
绘制路径，设置前景色为（C：2，M：18，
Y：46，K：0），新建图层，单击"路径"面
板底部的"用前景色填充路径"按钮 ● ，
效果如图8-35所示。

图8-35

28 按快捷键【Ctrl+T】执行"自由变换"命
令，将花形等比缩小，按【Enter】键确认
"自由变换"操作，选择工具箱中的"文
字工具" T ，设置前景色为黑色，输入文字
"福宴"，调整字体、大小和摆放位置，
效果如图8-36所示。

图8-36

29 选择工具箱中的"文字工具" T ，设置前
景色为（C：44，M：100，Y：75，K：
9），输入字母，分别调整字体和大小，选
中三个字母图层，选择工具箱中的"移动工
具" ⊕ ，单击选项栏中的"水平居中对齐"

按钮▣和"垂直居中分布"按钮▣，调整整个图层位置。效果如图8-37所示。

图8-37

30 选择工具箱中的"文字工具" T，设置前景色为黑色，输入文字"八方菜"，调整字体和大小。选择工具箱中的"自由形状工具"▨，选择选项栏中的"填充像素"选项，设置前景色为（C：44，M：100，Y：75，K：9），新建图层，按住快捷键【Shift+Alt】并拖曳鼠标，绘制大小与文字适中的图形。选择工具箱中的"移动工具"▶，按住快捷键【Shift+Alt】复制并水平移动"复制图形"，按快捷键【Ctrl+T】将"复制图形"水平翻转操作，按【Enter】键确认翻转操作。选择工具箱中的"文字工具" T，输入菜名，调整字体和大小，按照第27步的对齐方法调整文字和图形，显示如图8-38所示的效果。

图8-38

31 用上述同样的方法输入文字"菜谱"及绘制图形，然后再选择工具箱中的"文字工具" T，设置前景色为（C：44，M：100，Y：75，K：9），输入文字，调整字体和大小，同样按照第27步的对齐方法调整文字和图形，显示如图8-39所示的效果。

32 选择工具箱中的"矩形工具"▯，选择选项栏中的"填充像素"选项，设置前景色为

（C：44，M：100，Y：75，K：9），新建图层，按住快捷键【Shift+Alt】并拖曳鼠标，绘制大小与文字适中的矩形。选择工具箱中的"移动工具"▶，按住【Alt】键复制，将图形移动到句子的首尾位置。效果如图8-40所示。

图8-39

图8-40

33 选择工具箱中的"直排文字工具" ▥，设置前景色为（C：2，M：18，Y：46，K：0），输入减号"—"，直至画面高度，再复制此图层，选择工具箱中的"移动工具"▶，将两个图层移动到参考线位置。按快捷键【Ctrl+H】将参考线隐藏，显示如图8-41所示的效果。

图8-41

34 切换到"路径"面板，单击原来绘制好的路径层，选择工具箱中的"路径选择工具"▶，选中外环路径，设置前景色为（C：25，

M：98，Y：33，K：0），新建图层，单击"路径"面板底部的"用前景色填充路径"按钮 ◉，效果如图8-42所示。

图8-42

35 将填充好的路径移走，选中花纹中间的路径，设置前景色为（C：44，M：100，Y：75，K：9），选择工具箱中的画笔工具 ✐，调整笔触为尖角，调整大小，新建图层，单击"路径"面板底部的"用画笔描边路径"按钮 ○，单击"路径"面板的空白处以隐藏路径，显示如图8-43所示的效果。

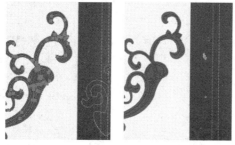

图8-43

36 将两个图层全部选中，按快捷键【Ctrl+T】执行"自由变换"命令将其等比缩小，按【Enter】键确认"自由变换"操作，使之融入画面。调整"不透明度"，将标志图形复制并等比放大，移动到底部，并调整"不透明度"，效果如图8-44所示。

图8-44

37 复制整个标志图层并将其合并，选择工具箱中的"移动工具" ⊕，将其移动到封底，按快捷键【Ctrl+T】执行"自由变换"命令将其等比缩小，按【Enter】键确认"自由变换"操作。执行"图像"/"调整"/"去色"命令，效果如图8-45所示。

图8-45

38 选择工具箱中的"直排文字工具" ⊺T，设置前景色为黑色，输入地址并调整字体和大小。选择工具箱中的"移动工具" ⊕，将其移动到标志下面，效果如图8-46所示。

图8-46

39 选择工具箱中的"移动工具" ⊕，按快捷键【Ctrl+0】观看整个画面，调整整个图层在画面中的位置，最终效果如图8-47所示。

图8-47

40 做菜谱的立体效果。执行"文件"/"新建"命令，弹出"新建"对话框，进行如图8-48所示的设置，单击"确定"按钮，新建文件。

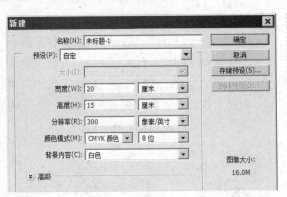

图8-48

41 按【D】键设置默认前景色，选择工具箱中的"矩形选框工具" □，绘制选区，新建"图层1"。选择工具箱中的"渐变工具" ■，做线性渐变。新建"图层2"，选择工具箱中的"矩形选框工具" □，绘制选区，同样做线性渐变，效果如图8-49所示。

图8-49

42 选择工具箱中的"矩形选框工具" □，框选原菜谱画面的封面，选择工具箱中的"移动工具" ▶+，将其拖曳到新建画面中，用同样的方法将封底封脊也拖曳到画面中，显示如图8-50所示的效果。

图8-50

43 将封底和封面图层分别选中，按快捷键【Ctrl+T】执行"自由变换"命令，按住【Ctrl】键将鼠标指针移到边框角上调整变换，将其变形，按【Enter】键确认变形操作。选择工具箱中的"移动工具" ▶+，调整封底和封面在画面中的位置，显示如图8-51所示的效果。

图8-51

44 立体效果会有光线存在，要将光线效果做出来。按【Ctrl】键并单击封底图层，载入选区。新建图层，选择工具箱中的"渐变工具" ■，做黑白渐变。然后将其图层的混合模式更改为"正片叠底"模式，按快捷键【Ctrl+D】取消选区，按快捷键【Ctrl+E】合并图层，效果如图8-52所示。

图8-52

45 复制各个变形图层，按快捷键【Ctrl+T】执行"垂直翻转"命令，按【Enter】键确认翻转操作，选择工具箱中的"移动工具" ▶+，将复制图层移动到底部并与底角对齐，再按快捷键【Ctrl+T】执行"透视"命令，将鼠标指针移到边框线旁边，当指针变为 ▶+时，按住鼠标左键向上拖曳直至与原图层对齐，显示如图8-53所示的效果。

46 制作倒影。选中封面图层，单击"图层"面板底部的"添加矢量蒙版"按钮 □，选择工具箱中的"渐变工具" ■，做线性渐变拖出的线与封面底边垂直，用同样的方法，给封底和封脊做投影，效果如图8-54所示。

图8-53

图8-54

47 按【Ctrl】键并单击封脊图层以载入选区，

新建图层，按快捷键【Alt+Delete】填充25%灰色，然后将其图层的混合模式更改为"正片叠底"模式，按快捷键【Ctrl+D】取消选区。新建图层，选择工具箱中的"画笔工具" ✐ ，选择柔角笔触，按住【Shift】键在封脊边缘绘制竖线，将其图层的混合模式更改为"颜色加深"模式，将两个新建图层复制并移至下方倒影层，效果如图8-55所示。

图8-55

8.3 拓展训练：菜谱延展设计

本例还是制作一个菜谱，是以上一节制作好的整体构图和文字为基础，通过重新添加新的底纹、对整体的颜色进行调整、更换新标志和餐馆名称来制作另外一种新的菜谱效果。

01 打开上一节制作好的菜谱文件，将文件中的多余图层删除，此时的图像效果和"图层"面板如图8-56所示。

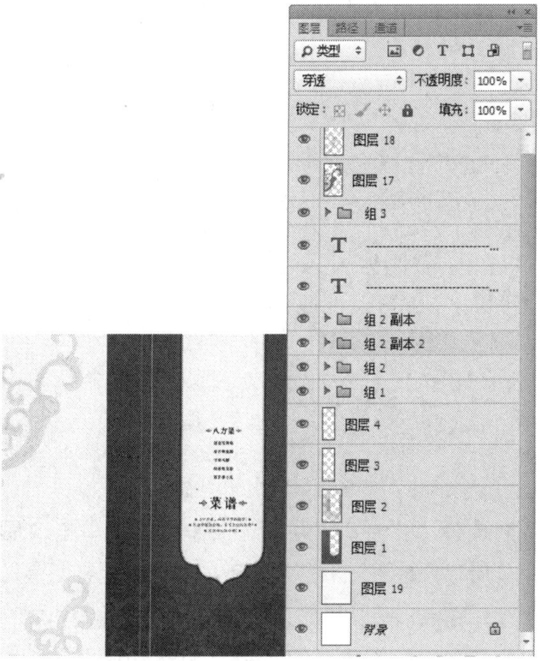

02 打开图片。选择"图层19"为当前操作图层，打开随书光盘中的"08/拓展训练/素材1"图像文件，此时的图像效果和"图层"面板如图8-57所示。

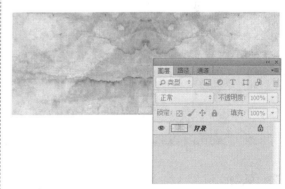

图8-57

03 使用"移动工具" ▶⊕ ，将图像拖动到第一步新建的文件中，得到"图层22"，按快捷键【Ctrl+T】，调出自由变换控制框，变换图像到如图8-58所示的状态，按【Enter】键确认操作。

图8-56

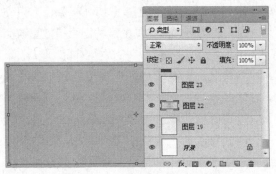

图8-58

04 更改图层不透明度。设置"图层22"的图层不透明度为"77%"，图像效果和"图层"面板如图8-59所示。

图8-59

05 单击面板底部的"创建新图层"按钮 ，新建一个图层，得到"图层23"，设置前景色的颜色值为fff2cc，按快捷键【Alt+Delete】用前景色填充"图层23"，得到如图8-60所示的效果。

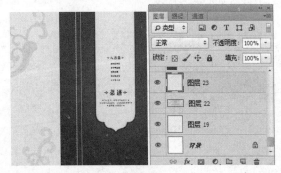

图8-60

06 更改图层混合模式。设置"图层23"的图层混合模式为"柔光"模式，图像效果和"图层"面板如图8-61所示。

07 选择"图层1"为当前操作图层，单击"图层"面板下方的"创建新的填充或调整图层"按钮 ，在弹出的菜单中执行"渐变映射"命令，设置弹出的对话框如图8-62所

示。在对话框的编辑渐变颜色选择框中单击，可以弹出"渐变编辑器"对话框，在对话框中可以编辑渐变映射的颜色。

图8-61

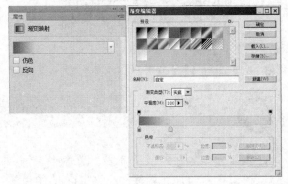

图8-62

08 设置完对话框后，单击"确定"按钮，得到图层"渐变映射1"，按快捷组合键【Ctrl+Alt+G】执行"创建剪贴蒙版"操作，此时的效果如图8-63所示。

图8-63

09 选择"图层2"为当前操作图层，单击"图层"面板下方的"创建新的填充或调整图层"按钮 ，在弹出的菜单中执行"色相/饱和度"命令，设置弹出的对话框如图8-64所示。

图8-64

10 设置完"色相/饱和度"命令的参数后，单击"确定"按钮，得到图层"色相/饱和度1"，按快捷组合键【Ctrl+Alt+G】，执行"创建剪贴蒙版"操作，此时的效果如图8-65所示。

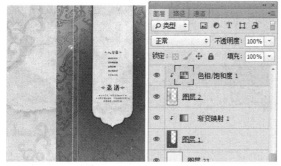

图8-65

11 更改图层组属性。设置"组1"的图层混合模式为"颜色减淡"模式，图层不透明度为"40%"，图像效果和"图层"面板如图8-66所示。

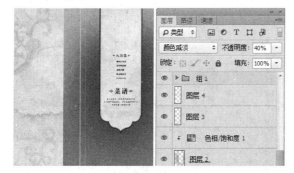

图8-66

12 更改图层组混合模式。设置"组2副本"的图层混合模式为"明度"模式，图像效果和"图层"面板如图8-67所示。

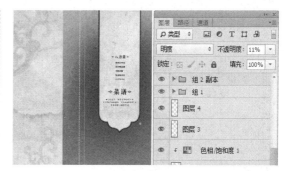

图8-67

13 更改图层混合模式。设置"图层17"、"图层18"的图层混合模式为"明度"模式，图像效果和"图层"面板如图8-68所示。

图8-68

14 打开图片。选择"图层18"为当前操作图层，打开随书光盘中的"08/拓展训练/素材2"图像文件，此时的图像效果和"图层"面板如图8-69所示。

图8-69

15 使用"移动工具" ，将图像拖动到第一步新建的文件中，得到"图层24"，按快捷键【Ctrl+T】，调出自由变换控制框，变换图像到如图8-70所示的状态，按【Enter】键确认操作。

16 更改图层混合模式。设置"图层24"的图层混合模式为"强光"模式，图像效果和"图层"面板如图8-71所示。

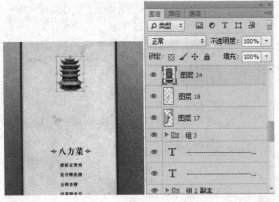

图 8-70

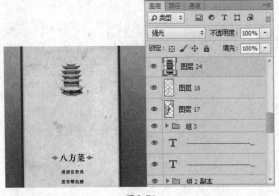

图 8-71

17 打开图片。打开随书光盘中的"08/拓展训练/素材 3"图像文件，此时的图像效果和"图层"面板如图 8-72 所示。

图 8-72

18 使用"移动工具" ，将图像拖动到第一步新建的文件中，得到相应的图层，按快捷键【Ctrl+T】，调出自由变换控制框，变换图像到如图 8-73 所示的状态，按【Enter】键确认操作。

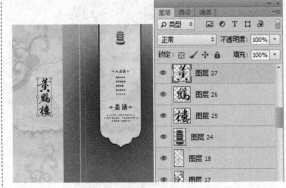

图 8-73

19 选择"图层 25"、"图层 26"、"图层 27"，将其拖到面板底部的"创建新图层"按钮 上，复制选中的图层，结合"自由变换"命令，将复制得到的图层中的图像调整到如图 8-74 所示的位置。

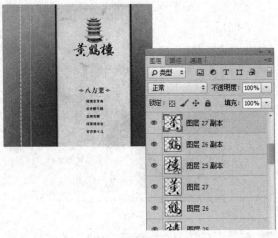

图 8-74

20 设置前景色的颜色值为 8e1834，使用"横排文字工具" ，设置适当的字体和字号，在菜单右侧封面上的"黄鹤楼"下方输入文字，得到相应的文字图层，如图 8-75 所示。

图 8-75

21 设置前景色为黑色，使用"横排文字工具"[T]，设置适当的字体和字号，在菜单左侧封底上的"黄鹤楼"左侧输入文字，得到相应的文字图层，如图8-76所示。

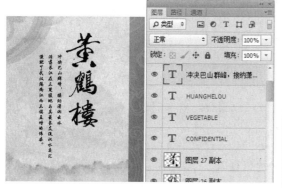

图8-76

22 打开图片。打开随书光盘中的"08/拓展训练/素材4"图像文件，此时的图像效果和"图层"面板如图8-77所示。

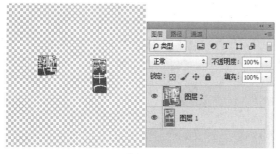

图8-77

23 使用"移动工具"[移]，将图像拖动到第一步新建的文件中，得到"图层28"、"图层29"，使用"自由变换"命令，变换"图层28"、"图层29"中的图像到如图8-78所示的效果。

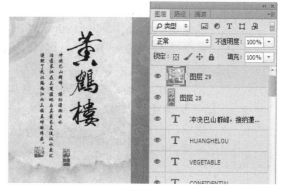

图8-78

24 最终效果。设置"图层28"、"图层29"的图层混合模式为"正片叠底"模式，图像效果和"图层"面板如图8-79所示。菜谱的最终效果图如图8-80所示。

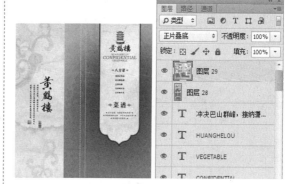

图8-79

图8-80

8.4 课后练习

一、选择题

1. 在使用钢笔工具绘制路径时，如果要切换为路径选择工具调节路径，可以按下哪个快捷键？（ ）

A．【Alt】键　　　　　　　　　B．【Ctrl】键

C．【Shift】键　　　　　　　　D．【Ctrl+Alt】键

2．下列说法正确的是（　　）。

   A．钢笔工具的操作与Photoshop的大多数绘图工具相同

   B．按下【P】键即可快速访问钢笔工具

   C．自由钢笔工具可以创建比钢笔工具更为精确的直线和平滑流畅的曲线

   D．用钢笔工具绘制方向不同的曲线时，需将鼠标往返移动

3．下面哪种路径可以生成裁剪路径？（　　）

   A．用钢笔绘制的路径

   B．被保存的路径

   C．工作路径

   D．被选中的路径

二、问答题及上机操作

1．路径是什么？编辑路径的工具有哪几种？

2．如何应用钢笔工具绘制水平、垂直或45°角的路径？

3．用钢笔工具绘制某一动物。

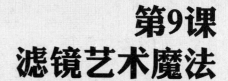

第9课
滤镜艺术魔法

本课主要对Photoshop CC中的滤镜进行详细全面的介绍。利用滤镜可以在不同的图像中做出多种效果，而且还可以制作出各种效果的图片设计。

9.1 基础知识讲解

9.1.1 像素化滤镜

像素化滤镜包括彩色半调、彩色化、点状化、晶格化、马赛克、碎片、铜版雕刻滤镜。

★ 彩色半调滤镜：图像上产生的彩色规律网点，是图像在每个通道上使用扩大调网屏的效果。如图9-1所示。

★ 彩色化滤镜：使纯色或颜色相近的像素结块形成颜色相近的像素块。此滤镜可以使扫描的图像看起来像手绘图像，或使现实主义图像变成抽象派效果，如图9-2所示。

图9-1 图9-2

★ 点状化滤镜：以背景色为背景，创建彩色网点，使整个画面布满随机产生的网点，如图9-3所示。

★ 晶格化滤镜：可以使图像产生一个个的纯色多边形，使邻近的像素集中到一个像素的网格中，如图9-4所示。

★ 马赛克滤镜：使像素分组并转换成颜色单一的方形块，进而产生马赛克的效果。块中像素的颜色相同，块颜色代表选区中的颜色，如图9-5所示。

图9-3 图9-4 图9-5

★ 碎片滤镜：为选区内的像素创建四份备份，进行平均，再使它们互相偏移，从而产生某种打乱的"四重视觉"效果，如图9-6所示。

★ 铜版雕刻滤镜：包括精细点、中等点、粒状点、粗网点、短线、中大直线、长线、短描边、中长描边、长边选项，如图9-7所示。

图9-6 图9-7

9.1.2 扭曲滤镜

扭曲滤镜是对图像进行几何变形，使图像产生各种扭曲变形的效果，包括波浪、波纹、玻璃、海洋波纹、极坐标、挤压、镜头校正、扩散亮光、切变、球面化、水波、旋转扭曲、置换滤镜。

★ 波浪滤镜：可以使图像产生波浪的效果，通过波长等参数设置的不同，可产生不同的效果，其类型包括正弦、三角和方形，如图9-8所示。

★ 波纹滤镜：在选区上创建起伏图案，就像是水池表面的波纹。选择范围比波浪效果要小，其选项包括波纹数量和大小，如图9-9所示。

图9-8 图9-9

★ 玻璃滤镜：给人一种透过玻璃观看图像的效果，如图9-10所示。

★ 海洋波纹滤镜：可以使图像产生在海洋中浸泡产生的水面涟漪的效果，如图9-11所示。

★ 极坐标滤镜：可以将圆形物体拉直，直的物体拉弯，使图像坐标由直角坐标转换为极坐标，也可以由极坐标转换为直角坐标，如图9-12所示。

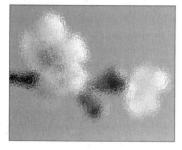  

图9-10 图9-11 图9-12

★ 挤压滤镜：图像内外可以产生积压的变形效果，如图9-13所示。

★ 镜头校正滤镜：可以校正普通相机镜头产生的变形失真，例如桶状变形、枕形失真、晕影以及色彩失常等，如图9-14所示。

★ 扩散亮光滤镜：可以使图像产生弥漫的光照效果，此滤镜效果中的亮度是从选区中心渐隐，如图9-15所示。

图9-13 图9-14 图9-15

★ 切变滤镜：可以对图像进行自由设置，在对话框中调整曲线的网格来设置图像的扭曲或弯曲，如图9-16所示。

★ 球面化滤镜：使图像产生球体的坐标效果。设置值为-100%～100%，当设置为负值时，图像向里凹陷；设置值为正值时，图像向外凸起，如图9-17所示。

★ 水波滤镜：可以使图像产生水波纹的效果，就像将石头扔进水里形成的水晕一样，如图9-18所示。

图9-16

图9-17

图9-18

★ 旋转扭曲滤镜：旋转选区，中心的旋转程度比边缘的旋转程度大。指定角度时可生成旋转扭曲图案，如图9-19所示。

★ 置换滤镜：将原图转变为另外图像的形状，将打开的文件作为移位图，根据其色值进行像素移置来达到扭曲的效果，如图9-20所示。

图9-19

图9-20

9.1.3 模糊滤镜

模糊滤镜可以使图像变得柔和，对于修饰图像有一定的用途，可以制作变化无常的底纹效果。模糊滤镜包括表面模糊、动感模糊、方框模糊、高斯模糊、进一步模糊、径向模糊、镜头模糊、模糊、平均、特殊模糊、形状模糊滤镜。

★ 表面模糊滤镜：对于创造特别效果以及移出杂色和颗粒非常有用。它对图像进行模糊处理，但使图像边缘的边线保持清晰，如图9-21所示。

★ 动感模糊滤镜：它是用特定的方向和强度使图像得到模糊滤镜的效果。此滤镜的效果相当于用固定的曝光时间给运动的物体拍照所产生的高速度效果，如图9-22所示。

图9-21

图9-22

★ 方框模糊滤镜：对图像进行模糊，该模糊以临近像素颜色的平均值为基准来模糊图像，对于创造特别效果非常有用。它可以调节用于计算平均值的区域的大小，并将计算得出的数值作为既定的像素标准，选定的范围越大，最后的图像就越模糊，如图9-23所示。

★　高斯模糊滤镜：它是利用半径分布像素的大小而产生模糊效果。此滤镜能产生较强烈的模糊效果，如图9-24所示。

进一步模糊与模糊效果相近，都是在图像中没有明显的颜色变化，使图像轻微模糊。

★　径向模糊滤镜：是放置相机或前后移动相机所产生的效果，使画面柔和模糊，如图9-25所示。

图9-23　　　　　　　　　　图9-24　　　　　　　　　　图9-25

★　镜头模糊滤镜：添加图像的景深效果，使图像的某一部分仍处于焦距中，其他部分变得模糊，如图9-26所示。

★　平均滤镜：用来设置图像或选区的平均颜色，然后进行填充以创建一个平滑的外观。

★　特殊模糊滤镜：可以对图像进行精确的模糊，可以指定半径以确定模糊范围，如图9-27所示。

★　形状模糊滤镜：可以通过不同的形状来对选区进行模糊。

图9-26　　　　　　图9-27

9.1.4　渲染滤镜

渲染滤镜可以使图像产生不同的光照效果、立体效果等。渲染滤镜包括分层云彩、光照效果、镜头光晕、纤维、云彩滤镜。

★　云彩滤镜：具有随机性，可使图像产生柔和的云彩效果。

★　光照效果滤镜：可以使图像产生复杂的效果，通过改变图像的光源方向中、光照类型和强度等参数，使图像产生更加丰富的效果。

★　镜头光晕滤镜：可以使图像产生炫光的效果，可自动设置炫光的位置。

★　纤维滤镜：可以使图像叠加一层云彩效果，两者结合起来产生反白的效果。

★　分层云彩滤镜：使图案叠加一层云彩效果，两者结合起来产生反白的效果。

9.1.5　画笔描边滤镜

画笔描边滤镜是使用画笔和油墨来产生特殊的绘画艺术效果。该滤镜组包括8个滤镜效果，分别是成角的线条、墨水轮廓、喷溅、喷色描边、强化的边缘、深色线条、烟灰墨、阴影线。

成角的线条滤镜是使用对角线重新绘制图像，使图像产生倾斜线条绘制的效果。在图像中较亮的区域用一个方向的线条绘制，较暗的区域用相反的线条绘制。

墨水轮廓滤镜是使用精细的线条勾画图像轮廓，类似于钢笔的风格，如图9-28所示。

喷溅滤镜可以使图像产生喷溅的效果，使图像中的色彩向四周飞溅，如图9-29所示。

强化的边缘滤镜用于强化图像的边缘，使图像产生彩笔勾绘边缘的效果，如图9-30所示。

深色线条滤镜使用长的、白色线条绘制图像中的亮区；使用短的、密的线条绘制图像中与黑色相近的深色暗区域，使图像产生黑色阴影风格的效果。

烟灰墨滤镜使图像产生黑色油墨的湿画笔在宣纸上绘画的效果,如图9-31所示。

阴影线滤镜使图像产生铅笔阴影交叉的绘画效果,具有十字交叉网格的风格,如图9-32所示。

图9-28 图9-29

图9-30 图9-31 图9-32

9.1.6 素描滤镜

素描滤镜的图像看起来更像是手绘的图像,可以制作出多种效果。它包括半调图案、便条纸、粉笔和炭笔、铬黄、绘图笔、基底凸现、水彩画笔、撕边、塑料效果、炭笔、炭精笔、图章、网状和影印滤镜,此滤镜只对RGB和Grayscale两种模式适用。

半调图案滤镜可以使图像产生网屏遮罩画面的效果。在对话框中可以设置图案的类型,包括网点、直线及圆圈3种形式,用于生成半调图案的形式;调整大小可以设置图案每个像素点的大小;对比度用于设置滤镜效果的对比程度,如图9-33所示。

塑料效果滤镜也有浮雕的效果,就像是用石膏铸造成的一样,立体层次分明,如图9-34所示。

图9-33 图9-34

铬黄滤镜可以使图像产生一种金属的效果,如图9-35所示。

绘图笔滤镜可以使图像产生一种手绘素描的效果。该滤镜使用墨水颜色为前景色,纸张为背景色,如图9-36所示。

基底凸现滤镜使图像产生一种浮雕的效果,用来变换图像。图像中较亮的区域使用前景色填充,较暗的区域使用背景色填充。

水彩画笔滤镜可在图像与前后背景的交界处产生撕碎边缘的效果。图像只产生两种颜色效果,物体之间的过渡比较模糊,如图9-37所示。

| 图9-35 | 图9-36 | 图9-37 |

炭笔滤镜可以使图像产生炭笔素描的绘画效果。前景色是用炭笔将深色区着色，背景色是用纸张将浅色区着色，如图9-38所示。

影印滤镜使图像产生一种拓印的效果，图像效果比较模糊。该滤镜使用前景色填充高亮区域，背景色填充阴暗区域，如图9-39所示。

图章滤镜效果类似于影印滤镜的效果，但没有影印效果清晰，如图9-40所示。

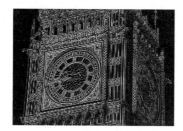

| 图9-38 | 图9-39 | 图9-40 |

9.1.7 艺术效果

艺术效果可以对图像进行多种艺术处理，可以表现绘画或天然的感觉，该滤镜组共包括15种滤镜效果，但都必须在RGB模式下才能使用。

彩色铅笔滤镜可以模拟铅笔在图像上进行绘制的彩铅画效果，铅笔的颜色使用工具箱中的背景色，当前景色和背景色为默认设置时，如图9-41所示。

粗糙蜡笔滤镜可以制作出使用蜡笔在有质感的画纸上绘制时产生的效果。在亮色区域绘制，会出现比较厚重且稍带纹理的效果，在暗色区域绘制会呈现有划纹的效果，如图9-42所示。

底纹效果滤镜可以根据图像的颜色和纹理产生喷绘的效果，进行不同的设置，还可以创建布料或油画的效果，如图9-43所示。

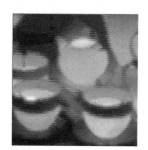

| 图9-41 | 图9-42 | 图9-43 |

海报边缘滤镜可以将图像中的颜色分色，用黑线勾画图像边缘，提高图像的对比度，使图像产生漂亮的海报效果，如图9-44所示。

胶片颗粒滤镜会在图像中显示柔和的杂点，制作出照片的胶片效果。此滤镜常用于消除混合中的色带和在视觉上统一不同来源，如图9-45所示。

木刻滤镜可以将图像处理成由粗糙剪切的单色纸组成的效果，如图9-46所示。

图9-44   图9-45   图9-46

　　霓虹灯滤镜可以产生彩色灯光照射的效果，如图10-47所示。

　　塑料包装滤镜可以制作出如同被蒙上一层塑料薄膜的图像效果，以强调图像表面的细节，如图9-48所示。

　　涂抹棒滤镜使用短对角线涂抹图像的暗区，可以柔化图像，使图像产生一种条状涂抹或晕开的效果，如图9-49所示。

图9-47   图9-48   图9-49

▌9.1.8　锐化滤镜

　　锐化滤镜可以使图像更加清晰，增强图像的整体效果。锐化滤镜包括滤镜USM锐化、进一步锐化、锐化、锐化边缘、智能锐化5个部分。

　　USM锐化滤镜可使用蒙版模糊调整图像边缘细节的对比度，使图像更加清晰，如图9-50所示。

　　锐化滤镜可以使图像纹理更加清晰化，增强图像效果。

　　锐化边缘滤镜可以对图像的边缘轮廓进行锐化，使线条间界限分明。

　　智能锐化滤镜拥有锐化滤镜所没有的锐化控制功能，可以采用锐化运算法或控制在阴影区和加亮区发生锐化的量来对图像锐化进行控制，如图9-51所示。

图9-50   图9-51

▌9.1.9　风格化滤镜

　　风格化滤镜，通过置换图像并查找和增加图像中的对比度，产生各种不同的作画风格效果，此滤镜包括9种不同风格的滤镜。

　　查找边缘滤镜用来强调过渡区域的边缘，并勾画出图像的轮廓，使图像产生深色线条勾画的效果，如图9-52所示。

　　等高线滤镜主要用于查找亮度区域的过渡，使其产生勾画边界的线稿效果，如图9-53所示。

风滤镜可产生细小的水平线，以产生不同种风吹过的效果，如图9-54所示。

图9-52

图9-53

图9-54

浮雕效果滤镜通过勾画图像的边缘，使图像产生在木材或石板上雕刻而成的凸凹效果，如图9-55所示。

扩散滤镜可搅乱选区内的像素，使其随机移动而产生在湿纸上扩散的效果，如图9-56所示。

图9-55

图9-56

拼贴滤镜是将图像拆散成一系列的拼贴图像，产生出不规则的方格子拼凑在一起的效果，如图9-57所示。

曝光过度滤镜用于混合负片和正片图像，使其产生增强光线强度的曝光效果，如图9-58所示。

凸出滤镜可以使图像产生锥体或三维效果的有机纹理效果，如图9-59所示。

图9-57

图9-58

图9-59

照亮边缘滤镜是将图像主要颜色变化区域的过渡像素加强，使其产生亮光效果，如图9-60所示。

图9-60

9.1.10 纹理滤镜

使用纹理滤镜可为图像增加深度感、材质感或组织结构的外观。在该滤镜组下包含6种不同风格的纹理滤镜。

龟裂缝滤镜使图像产生出在石膏上的凸凹不平皱纹效果，使轮廓产生精细的裂纹网。此滤镜适合于为大范围的同一种颜色或者灰度的图像创建浮雕效果，如图9-61所示。

颗粒滤镜要通过模拟不同类型的颗粒来增加纹理，其中颗粒类型包括常规、柔和、喷洒、结块、强反差、扩大、点刻、水平、垂直、斑点10种，如图9-62所示。

马赛克拼贴滤镜可使图像产生由小片或块组成的拼图效果，并在块与块之间增加缝隙，如图9-63所示。

图9-61

图9-62

图9-63

拼缀图滤镜可将图像随机地减少或增加拼贴深度，以重复高光和暗调区域。它有别于马赛克拼贴滤镜，此滤镜是将图像拆分成方块的样子，并用图像中最显著的颜色来填充，如图9-64所示。

染色玻璃滤镜是将图像进行重新绘制，以图像的色相作为基准，绘制不规则的方块，使其产生染色玻璃拼接的效果，如图9-65所示。

纹理化滤镜可在图像上应用所选或创建的纹理，如图9-66所示。

图9-64

图9-65

图9-66

9.2 实例应用：

光盘
09/实例应用/美容品包装设计.PSD

「美容品包装设计」

实例目标

"美容品包装设计"制作共分为3个部分，第1部分制作背景；第2部分制作背景花样图案，利用"滤镜"工具制作；第3部分添加文字和条形码。

技术分析

在本例中使用滤镜和调色技术制作一幅唯美图像作为背景，体现了美容的特点，然后使用"文字工具"的特点来制作包装上的文字内容部分。

制作步骤

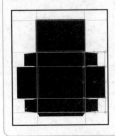
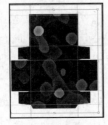
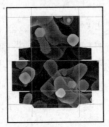
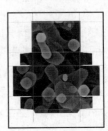
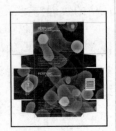

01 新建文档。执行菜单"文件"/"新建"命令（或按快捷键【Ctrl+N】），设置弹出的"新建"对话框，如图9-67所示。单击"确定"按钮即可创建一个新的空白文档。

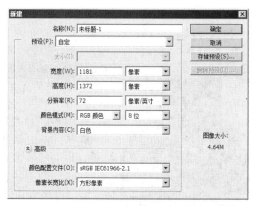

图9-67

02 在新建的文档中，设置多条水平和垂直方向的辅助线，用来辅助制作包装的展开图，如图9-68所示。

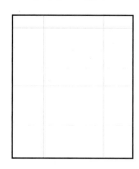

图9-68

03 设置前景色为黑色，使用"矩形工具" ▢、"钢笔工具" ✐、"圆角矩形工具" ▢，在文件的中间绘制包装盒展开图，得到图层"形状1"，如图9-69所示。

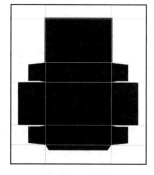

图9-69

04 单击面板底部的"创建新图层"按钮 ▣，新建一个图层，得到"图层1"，设置前景色为白色，按快捷键【Alt+Delete】用前景色填充"图层1"，得到如图9-70所示的效果。

图9-70

05 执行"滤镜"/"纹理"/"颗粒"命令，设置弹出对话框中的参数后，单击"确定"按钮，得到如图9-71所示的效果。

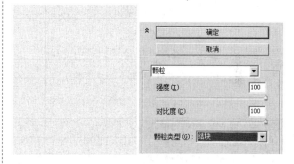

图9-71

06 执行"滤镜"/"像素化"/"点状化"命令，设置弹出对话框中的参数后，单击"确定"按钮，得到如图9-72所示的效果。

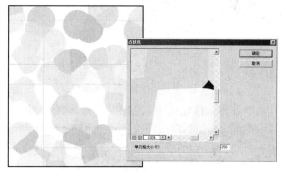

图9-72

07 执行"滤镜"/"杂色"/"中间值"命令，设置弹出对话框中的参数后，单击"确定"按钮，得到如图9-73所示的效果。

08 执行"滤镜"/"锐化"/"USM锐化"命令，设置弹出对话框中的参数后，单击"确定"按钮，得到如图9-74所示的效果。

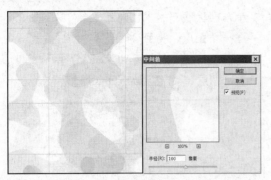

图9-73

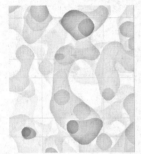

图9-74

09 按快捷键【Ctrl+I】执行"反相"操作，将图像中的颜色进行反相（将图像中的颜色变成该颜色的补色），如图9-75所示。

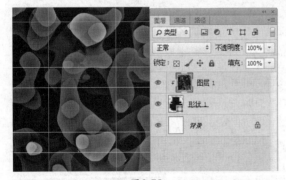

图9-75

10 执行"滤镜"/"模糊"/"特殊模糊"命令，设置弹出对话框中的参数后，单击"确定"按钮，得到如图9-76所示的效果。

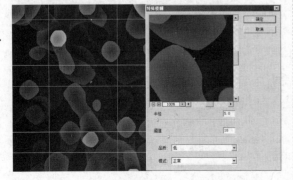

图9-76

11 选择"图层1"为当前操作图层，按快捷组合键【Ctrl+Alt+G】，执行"创建剪贴蒙版"操作，即可将图像限制在"形状1"中，按快捷键【Ctrl+T】，调出自由变换控制框，变换图像到如图9-77所示的状态，按【Enter】键确认操作。

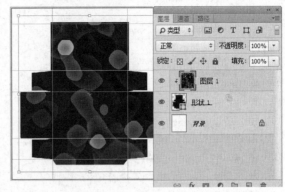

图9-77

12 单击"图层"面板下方的"创建新的填充或调整图层"按钮，在弹出的菜单中选择"色相/饱和度"命令，设置完"色相/饱和度1"，按快捷组合键【Ctrl+Alt+G】，执行"创建剪贴蒙版"操作，此时的效果如图9-78所示。

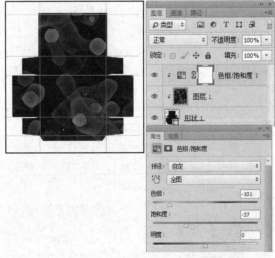

图9-78

13 单击"图层"面板下方的"创建新的填充或调整图层"按钮，在弹出的菜单中选择"曲线"命令，设置完"曲线"命令的参数后，得到图层"曲线1"，按快捷组合键【Ctrl+Alt+G】，执行"创建剪贴蒙版"操作，此时的效果如图9-79所示。

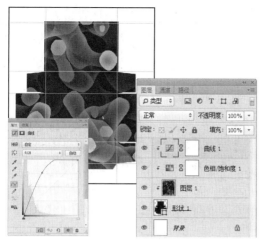

图9-79

14 单击"图层"面板下方的"创建新的填充或
调整图层"按钮 ⊘.，在弹出的菜单中执行
"色相/饱和度"命令，设置完"色相/饱和
度"命令的参数后，得到图层"色相/饱和
度2"，按快捷组合键【Ctrl+Alt+G】，执
行"创建剪贴蒙版"操作，此时的效果如
图9-80所示。

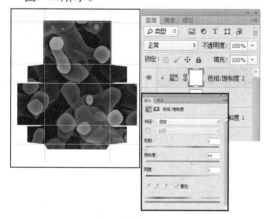

图9-80

15 设置"色相/饱和度2"的图层填充值为
"50%"，此时的图像效果和"图层"面板
如图9-81所示。

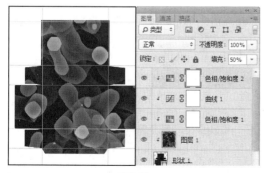

图9-81

16 单击"图层"面板下方的"创建信的填充
或调整图层" ⊘.，在弹出的菜单中执行
"曲线"命令。设置完"曲线"命令的参
数后，得到图层"曲线2"，按快捷组合键
【Ctrl+Alt+G】，执行"创建剪贴蒙版"操
作，此时的效果如图9-82所示。

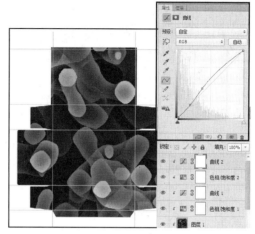

图9-82

17 使用"横排文字工具" T.，设置适当的
字体和字号，在图像中输入品牌的名称，
得到相应的文字图层，然后为包装添加
条形码，即可得到如图9-83所示的最终效
果图。

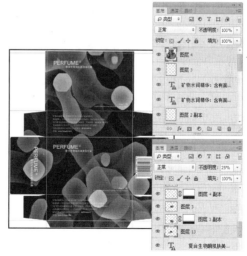

图9-83

9.3 拓展训练：美容包装品设计延展

01 新建文档。执行菜单"文件"/"新建"命令（或按快捷键【Ctrl+N】），设置弹出的"新建"命令对话框，如图9-84所示。单击"确定"按钮即可创建一个新的空白文档。

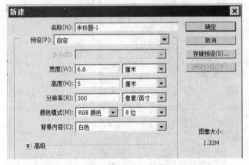

图9-84

02 打开随书光盘中的"美容包装设计\素材2"图像文件，此时的图像效果和"图层"面板如图9-85所示。

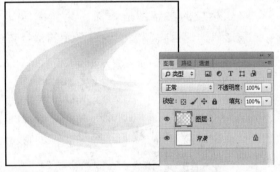

图9-85

03 使用"移动工具" ，将图像拖动到第一步新建的文件中，得到"图层1"。按快捷键【Ctrl+T】，调出自由变换控制框，变换图像到如图9-86所示的状态，按【Enter】键确认操作。

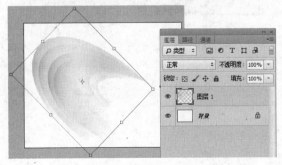

图9-86

04 按快捷键【Ctrl+J】，复制"图层1"，得到"图层1副本"。按快捷键【Ctrl+T】，调出自由变换控制框，变换图像到如图9-87所示的状态，按【Enter】键确认操作。

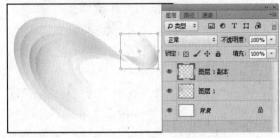

图9-87

05 按快捷键【Ctrl+J】，复制"图层1副本"，得到"图层1副本2"。按快捷键【Ctrl+T】，调出自由变换控制框，变换图像到如图9-88所示的状态，按【Enter】键确认操作。

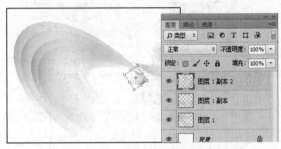

图9-88

06 打开随书光盘中的"09/美容品包装设计/素材3"图像文件，此时的图像效果和"图层"面板如图9-89所示。

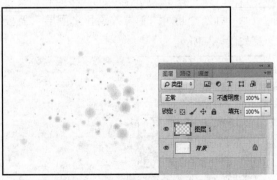

图9-89

07 使用"移动工具" ，将图像拖动到第1步新建的文件中，得到"图层2"。按快捷键

【Ctrl+T】，调出自由变换控制框，变换图像到如图9-90所示的状态，按【Enter】键确认操作。

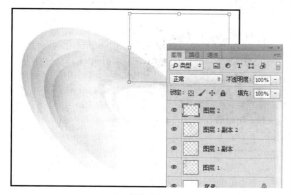

图9-90

08 选择"横排文字工具" T ，设置适当的字体和字号，在图像中输入产品的文字信息，得到相应的文字图层，如图9-91所示。

图9-91

09 切换到第一步新建文件中，选择"图层4"，使用"矩形选框工具" ，沿包装展开图的辅助线绘制选框，如图9-92所示。

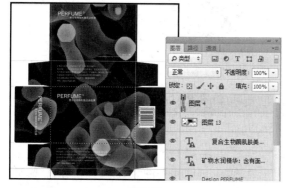

图9-92

10 使用"移动工具" ，将选框内的图像拖动到第一步新建的文件中，得到"图层3"。按快捷键【Ctrl+T】，调出自由变换

控制框，变换图像到如图9-93所示的状态，按【Enter】键确认操作。

图9-93

11 按快捷键【Ctrl+J】，复制"图层3"，得到"图层3副本"。按快捷键【Ctrl+T】，调出自由变换控制框，变换图像到如图9-94所示的状态，按【Enter】键确认操作。

图9-94

12 单击"添加图层蒙版"按钮 ，为"图层3副本"添加图层蒙版。设置前景色为黑色，背景色为白色。选择"渐变工具" ，设置渐变类型为从前景色到背景色，在图层蒙版中从上往下拖动鼠标绘制渐变，此时图层蒙版中的状态如图9-95所示。

图9-95

13 添加渐变图层蒙版后的图像效果如图9-96所示，图像与背景有了一定的过渡效果。

图9-96

14 设置"图层3副本"的图层不透明度为"21%"，此时的图像效果和"图层"面板如图9-97所示。

图9-97

15 切换到第一步新建文件中，选择"图层4"，使用"矩形选框工具"，沿包装展开图的辅助线绘制选框，如图9-98所示。

图9-98

16 使用"移动工具"，将选框内的图像拖动到第一步新建的文件中，得到"图层4"。按快捷键【Ctrl+T】，调出自由变换控制框，变换图像到如图9-99所示的状态，按【Enter】键确认操作。

17 按快捷键【Ctrl+J】，复制"图层4"，得到"图层4副本"。按快捷键【Ctrl+T】，调

出自由变换控制框，变换图像到如图9-100所示的状态，按【Enter】键确认操作。

图9-99

图9-100

18 单击"添加图层蒙版"按钮，为"图层4副本"添加图层蒙版。设置前景色为黑色、背景色为白色，选择"渐变工具"，设置渐变类型为从前景色到背景色，在图层蒙版中从上往下拖动鼠标绘制渐变，得到如图9-101所示的效果。

图9-101

19 设置"图层4副本"的图层不透明度为"21%"，此时的图像效果和"图层"面板如图9-102所示。

20 单击面板底部的"创建新图层"按钮，新建一个图层，得到"图层5"。设置前景色为黑色，选择"渐变工具"，设

置渐变类型为从前景色到透明，在"图层5"中从左往右绘制渐变。按快捷组合键【Ctrl+Alt+G】，执行"创建剪贴蒙版"操作，此时的效果如图9-103所示。

图9-102

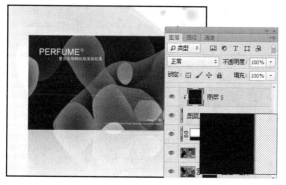

图9-103

21 切换到第一步新建的文件中，选择"图层4"，使用"矩形选框工具" ，沿包装展开图的辅助线绘制选框，如图9-104所示。

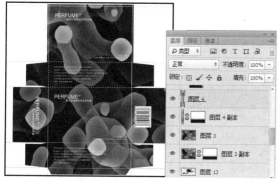

图9-104

22 使用"移动工具" ，将选框内的图像拖动到第一步新建的文件中，得到"图层6"。按快捷键【Ctrl+T】，调出自由变换控制框，变换图像到如图9-105所示状态，按【Enter】键确认操作。

23 单击面板底部的"创建新图层"按钮 ，新建一个图层，得到"图层7"。设置前

景色为黑色，选择"渐变工具" ，设置渐变类型为从前景色到透明，在"图层7"中从下往上绘制渐变。按快捷组合键【Ctrl+Alt+G】，执行"创建剪贴蒙版"操作，此时的效果如图9-106所示。

图9-105

图9-106

24 按照前面介绍的方法，制作美容胶囊的第二个包装效果图，如图9-107所示。

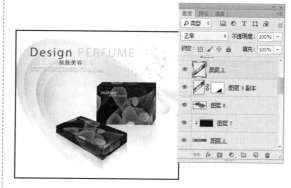

图9-107

25 在"图层3副本"下方新建一个图层，得到"图层13"。选择"画笔工具" ，设置适当的画笔大小和透明度后，在"图层13"中进行涂抹，绘制包装盒的阴影，此时的图像效果如图9-108所示。

26 设置"图层13"的图层不透明度为"25%"，图像的最终效果和"图层"面板如图9-109所示。

图9-108   图9-109

9.4 课后练习

选择题

1. 下面哪个模式的文件能够使用滤镜中的艺术效果?（　）

  A．RGB模式文件　　　　　　　　B．CMYK 模式文件

  C．Lab模式文件　　　　　　　　D．Indexed模式文件

2. （　）用于强化图像的边缘，使图像产生彩笔勾绘边缘效果。

  A．强化边缘　　　　　　　　　　B．墨水轮廓

  C．烟灰墨　　　　　　　　　　　D．阴影线

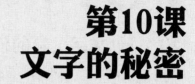

第10课
文字的秘密

本课主要讲解文字工具的使用。Photoshop CC的文字功能更为强大，可以对文字进行一些基本排版，文字编辑也更加方便。通过实例让读者清楚地了解文字的弯曲变形、文字图层的转换、文本的编辑等功能。

▌ 10.1.1 文字工具的使用

在Photoshop中，文字是一种很特殊的图像结构，它由像素组成，与当前图像具有相同的分辨率，字符放大时也会有锯齿。但它同时又具有基于矢量边缘的轮廓，可以在缩放文字、调节大小时，保持清晰的边缘，不依赖图像的分辨率，因此具有点阵图像、图层与矢量文字等多种属性。

建立文字图层有两种方法，一种是适合用在少量标题文字的"点文字"图层上，这种文字图层不具备自动换行的功能；另一种是"段落文字"图层，这种文字图层适合用在大量文字的场合，具有自动换行的功能。"点文本"和"段落文字"是可以互相转换的。

点文本的文字行是独立的，即文本行的长度随着文本的增加而变长，它不会自动换行，按Enter键可以换行，这里不做详细介绍，如图10-1所示。

图10-1

> **提示**
>
> 当文字工具处于编辑模式时，则无法选择其他操作(如从"图层"菜单中选择命令)。若要完成文字的编辑模式，可以单击文字工具选项栏右侧的✔按钮或在工具箱中选择任一工具即可确认对文字的编辑。单击⊘按钮表示取消文字的编辑。

段落文字与点文字最大的不同之处在于，段落文字在输入的文字长度达到定界框的尺寸时会自动换行，而且段落文字的边界由一个文本框定义，当文本框的大小发生变化时，每行或列的文字数量将发生变化。段落文字格式设定的功能用户可以轻松地处理段落文本，具体使用方法如下。

（1）选择工具箱中的文字工具，在文字的选项栏中设置文字的各项属性。

（2）将鼠标指针移到图像窗口中，当指针变成"插入符号"时，按住鼠标左键不放，然后移动鼠标，在图像窗口上拖曳出一个文本框，此时会见到文字的插入点位于文本框的左上角；如果是使用垂直文字工具绘制的文本框，那么插入点会在文本框的右上角。

（3）在图像窗口中输入文字，由于段落文字具有自动换行的功能，因此在输入较多文字时，若文字遇到文字边框，便会自动转到下一行中。如果需要分段输入，按下Enter键即可，如果输入的文字超出了定界框所能容纳的范围，定界框右下角便会出现一个"溢出"图标⊞。把鼠标指针放在这个溢出图标上拖动文本框还可以继续拉伸这个文本框来输入更多的文字段，如图10-2所示。

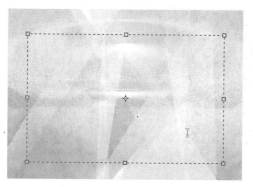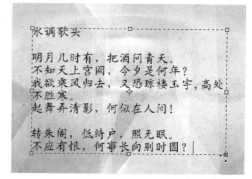

图10-2

> **提示**
>
> Photoshop并不适合作为打字工具，当需要处理大量文字时，可以先在像Word之类的文字处理软件中输入文字，然后利用复制、粘贴的方法将文字读入到段落文本框中。

在Photoshop中还有另一种输入方式，即利用文本蒙版工具输入文本，产生一个文本选取范围，以便于制作一些特殊文字。

将"横排文字蒙版工具"移到图像窗口中单击，此时会看到画面呈现红色的蒙版模式。以点文字或段落文字方式输入文字，完成之后单击工具选项栏上的✔按钮，则原本的文字蒙版会随即转换为文字选取范围，如图10-3所示。

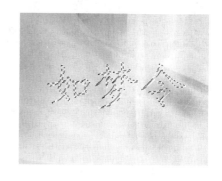

图10-3

> **提示**
>
> 文字蒙版转换为选取范围之后不具有文字的属性，因此无法再以编辑文字的方法编辑，"图层"面板中也没有新的文字图层出现。另外，使用"文字工具"T输入好文字后，按住【Ctrl】键，用鼠标在"图层"面板上单击文字图层，也可载入文字选择范围。

10.1.2 文字图层的转换

在文字输入完成后，执行菜单"文字"命令，之后会弹出一个下拉菜单，通过下拉菜单可以对文字图层进行一定的修改和转换。

将文字转换为路径

选中输入的文字字符，执行"文字"下拉菜单中的"创建工作路径"命令后，系统会在图像的文字边缘添加上路径，同时在"路径"控制面板上还会自动建立一个"工作路径"，如图10-4所示。

图10-4

将文字转换为形状

如果要将文字转换为形状，可以先选中输入的文字字符，然后执行菜单"文字"/"转换为形状"命令，即可发现文字图层被包含基于矢量图层剪贴路径的形状图层所替换。同时，"路径"面板又将多出一个文字剪贴路径。

用户可使用"路径选择"工具对文字路径进行调节以创建自己喜欢的字型。此时，在"图层"控制面板中的文字图层已经失去了文字的一般属性，因此无法在图层中将字符作为文本来编辑，如图10-5所示。

图10-5

将文字图层转换为普通图层

在文字状态下，某些命令和工具（例如滤镜效果和绘画工具）等均不能使用，因此必须在应用命令或使用工具之前栅格化文字。栅格化表示将文字图层转换为普通图层，并使其内容成为不可编辑的文本。在"图层"面板中选择文字图层，执行菜单"文字"/"栅格化文字图层"或"图层"/"栅格化"/"图层"命令，文字图层则会转换为普通图层，如图10-6所示。

图10-6

点文本图层与段文字图层的转换

点文本与段落文字在建立完成后还可以互相转换。首先，以正常方式输入并建立一个点文字图层，调出"图层"控制面板，然后选取要转换的文字图层，执行菜单"文字"/"转换为段落文字"命令，即可将原来的点文本图层转换为段落文字图层；同样，在建立好段落文字后，执行菜单"文字"/"转换为点文本"命令，即可将原来的段落文字图层转换为点文本图层，如图10-7所示。

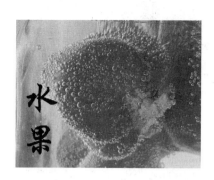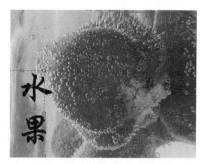

图10-7

提示

将段落文字转换为点文本时，所有溢出定界框的字符都会被删除。若要避免丢失文本，可事先调整定界框，让全部文字在转换前都处于显示状态。

10.1.3 文字变形

文字变形可以对文字图层进行"变形文字"处理以适应各种形状。先选取要进行弯曲变形的文字图层，然后执行菜单"文字"/"文字变形"命令，或直接单击工具选项栏中的 图标，此时可以调出"变形文字"对话框，如图10-8所示。

图10-8

提示

使用"文字弯曲变形"命令无法变形包含"伪粗体"格式的文字图层，也无法变形使用不包含轮廓数据的字体(如位图字体)的文字图层。

在对话框中，用户可以进行选项设置。变形选项能够帮助用户精确控制变形效果的取向及透视，如图10-9所示。

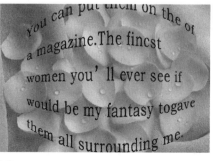

图10-9

10.2 实例应用：

◎ 光盘
10/实例应用/版面设计.PSD

「版面设计」

实例目标

　　画面的制作流程共分为5部分。第1部分使用背景绘制；第2部分白色纸张作背景；第3部分应用"文字工具"输入文字；第4部分标题背景添加；第5部分素材添加，文字添加。

技术分析

　　本例以"文字工具"的应用为主，通过这个练习可以掌握"文字工具"、"图层样式"的应用关系，在制作过程中，还运用了"蒙版"、"创建剪贴蒙版"等。

制作步骤

---

01 新建文档。执行菜单"文件"/"新建"命令（或按【Ctrl+N】快捷键），设置弹出的"新建"对话框，如图10-10所示。单击"确定"按钮即可创建一个新的空白文档。如图10-10所示。

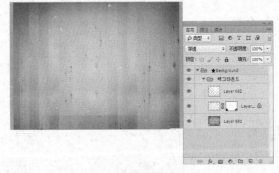

图10-11

图10-10

02 打开随书素材文件"素材1"，使用"移动工具"，将其拖动到第一步新建的文件中，得到的效果如图10-11所示。

03 打开随书素材文件"素材2"，使用"移动工具"，将其拖动到第一步新建文件中，得到的效果如图10-12所示。

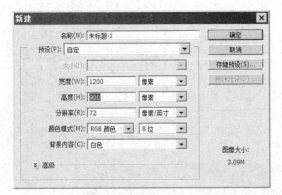

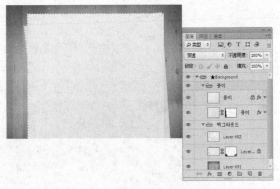

图10-12

04 使用"横排文字工具"　T　，设置适当的字体、字号，效果如图10-13所示。

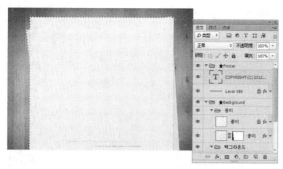

图10-13

05 设置前背景色色值为（R：216，G：84，B：58），使用"钢笔工具" 绘制四边形，得到的效果如图10-14所示。

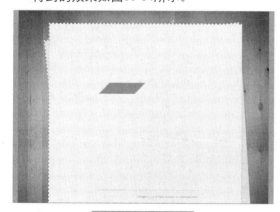

图10-14

06 使用"横排文字工具" T ，设置适当的字体和字号，效果如图10-15所示。

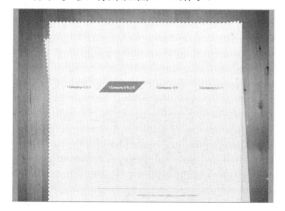

图10-15

07 使用"直线工具" 绘制分界线，设置直线样式为点状，得到的效果如图10-16所示。

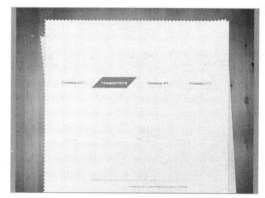

图10-16

08 将界面的文字图层、多边形图层和分界线图层添加到组文件中，设置组图层的图层样式为"穿透"，得到的图层效果如图10-17所示。

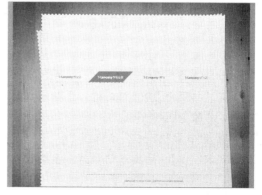

图10-17

09 使用"横排文字工具" T ，设置适当的字体、字号，效果如图10-18所示。

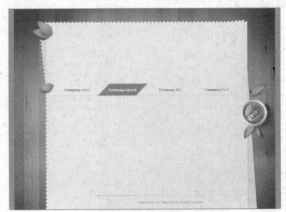

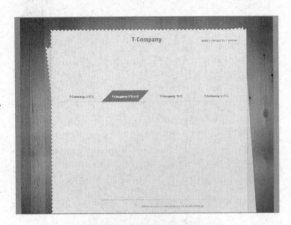

图10-19

图10-18

10 打开随书素材文件"素材3"，使用"移动工具" ，将其拖动到第一步新建的文件中，效果如图10-19所示。

11 打开随书素材文件"素材4"，使用"移动工具" ，将其拖动到第一步新建文件中，效果如图10-20所示。

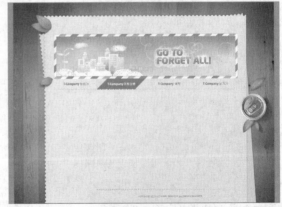

图10-20

12 设置前背景色为黑色，使用"矩形工具"绘制长方形，效果如图10-21所示。

图10-21

13 设置图层的不透明度为"9%"，添加"图层蒙版"，隐藏不需要的部分，效果如图10-22所示。

图10-22

14 将上几步的图层添加到组文件中，设置图层

模式为"穿透"，效果如图10-23所示。

图10-23

15 打开随书素材文件"素材5"，使用"移动工具"，将其拖动到第一步新建的文件中，并对"线绳"图层添加蒙版，隐藏不需要的部分，效果如图10-24所示。

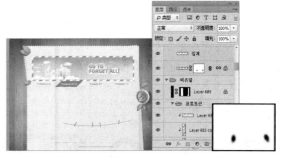

图10-24

16 单击"添加图层样式"按钮，设置"投影"参数，得到的效果如图10-25所示。

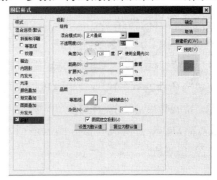

图10-25

17 打开随书素材文件"素材5"，使用"移动工具" ，将其拖动到第一步新建的文件中，按快捷键【Ctrl+T】调整图像到合适状态，按【Enter】键确认操作，得到的效果如图10-26所示。

图10-26

18 使用"横排文字工具" ，设置适当的字体和字号，效果如图10-27所示。

19 使用"形状工具"绘制按钮键图形，使用"横排文字工具" ，设置合适的字体和字号，得到的效果如图10-28所示。

图10-27

图10-28

20 最终的效果如图10-29所示。

图10-29

10.3 拓展训练：版面延展设计

01 新建文档。执行菜单"文件"/"新建"命令（或按【Ctrl+N】快捷键），设置弹出的"新建"对话框，单击"确定"按钮即可创建一个新的空白文档，如图10-30所示。

02 设置前景色为黑色，按快捷键【Alt+Delete】对"背景"图层进行填充，如图10-31所示。

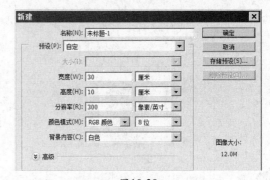

图10-30

图10-31

03 单击工具栏的"渐变工具" ，再单击操作面板的左上角的"渐变工具栏"，弹出"渐变编辑器"对话框，设置弹出的对话框，如图10-32所示。

图10-32

04 设置完对话框后，单击"确定"按钮，新建图层，生成"图层1"图层，选择"线性渐变"工具 ，在"图层1"图层中从左上角到右下角拖动鼠标，得到如图10-33所示的效果。

图10-33

05 单击"添加图层蒙版"按钮 ，为"图层1"添加图层蒙版，设置前景色为黑色，选择"画笔工具" ，设置适当的画笔大小和透明度后，在画面中涂抹，其蒙版状态和"图层"面板如图10-34所示。

图10-34

06 使用工具栏中的"横排文字工具" ，设置适当的字体和字号，在画面下方输入文字，如图10-35所示。

图10-35

07 在"文字"图层的上边右击，在弹出的菜单中执行"栅格化图层"命令，得到如图10-36的效果。

图10-36

08 单击图层面板上部的"锁定透明像素"按钮 ，单击工具栏的"渐变工具" ，使用与前边相同的渐变色，单击"径向渐变" 按钮后，在画面中从中间向外拖动鼠标，得到如图10-37所示的效果。

图10-37

09 单击"添加图层蒙版"按钮 ，为"2008"
图层添加图层蒙版，设置前景色为黑色，
选择"画笔工具" ，设置适当的画笔大
小和透明度后，在画面中涂抹，其蒙版状
态和"图层"面板如图10-38所示。

图10-38

10 单击图层面板底部的"添加图层样式"按
钮 *fx*，在弹出的下拉菜单中执行"投影"命
令，在弹出的对话框中进行如图10-39所示
的参数设置。

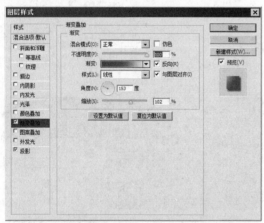

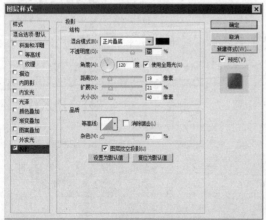

图10-39

11 设置完"渐变叠加"面板后，单击"确定"
按钮，即可为文字添加投影和渐变的效
果，如图10-40所示。

图10-40

12 新建图层，生成"图层2"图层，使用"矩
形选框工具" 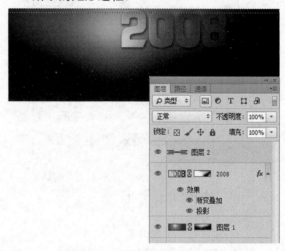，在画面中拖出如图10-41
所示的矩形选框。

图10-41

13 设置前景色为（R：54，G：46，B：43），
按快捷键【Alt+Delete】对选区进行填
充，再按快捷键【Ctrl+D】键取消选区，
如图10-42所示。

图10-42

14 单击图层面板底部的"添加图层样式"按
钮 *fx*，在弹出的下拉菜单中执行"投影"命
令，在弹出的对话框中进行如图10-43所示
的参数设置。

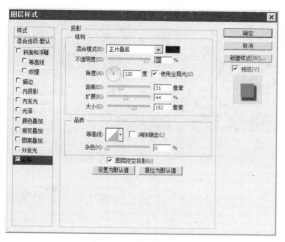

图10-43

15 设置完"投影"面板后，单击"确定"按钮，即可为"图层2"中的图形添加投影的效果，如图10-44所示。

图10-44

16 使用工具栏中的"横排文字工具" T，设置适当的字体和字号，在画面下方输入相关文字，得到相应的图层，如图10-45所示。

图10-45

17 新建图层，生成"图层2"图层，使用"矩形选框工具" ，在画面中拖出如图10-46所示的矩形选框。

18 设置前景色为（R：245，G：151，B：1），按快捷键【Alt+Delete】对选区进行填充，再按快捷键【Ctrl+D】键取消选区，如图10-47所示。

图10-46

图10-47

19 按快捷键【Ctrl+T】，调出自由变换控制框，在选框上右击，在弹出的菜单中执行"斜切"命令，然后调整选框到如图10-48所示的状态，按【Enter】键确认操作。

图10-48

20 按【Ctrl+Alt+T】快捷组合键进行复制变换操作，调出自由变换选框，向右移动选框到如图10-49所示的位置，得到"图层3 副本"图层，然后按【Enter】键确认操作。

图10-49

21 按【Ctrl+Alt+Shift+T】快捷组合键多次，执行"重复变换"操作，得到如图10-50所示的效果。

图10-50

22 选中"图层3 副本11"，按住【Shift】键并单击"图层3"图层，已将其中间的图层都选中，按【Ctrl+E】键执行"合并图层"的操作，得到"图层3 副本11"图层，其"图层"面板的状态如图10-51所示。

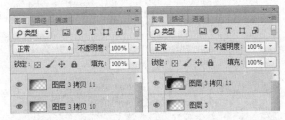

图10-51

23 拖动"kaven"图层到"图层"面板底部的"创建新图层"按钮，对图层进行复制操作，得到"kaven 副本"图层，按快捷组合键【Ctrl+Shift+]】，使图层至顶层，如图10-52所示。

图10-52

24 设置完"投影"面板后，单击"确定"按钮，即可为"图层2"中的图形添加投影的效果，如图10-53所示。

图10-53

25 选中"kaven"图层，按住【Shift】键并单击"图层3"图层，已将其中间的图层都选中，按【Ctrl+E】快捷键执行"合并图层"的操作，得到"图层3 副本11"图层，其"图层"面板的状态如图10-54所示。

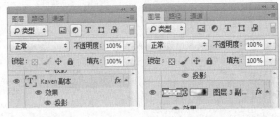

图10-54

26 按【Ctrl+Alt+Shift+T】快捷组合键多次，执行"重复变换"操作，得到如图10-55所示的效果。

图10-55

27 选中"图层3 副本11"，按住【Shift】键并单击"图层3"图层，已将其中间的图层都选中，按【Ctrl+E】快捷键执行"合并图层"的操作，得到"图层3 副本11"图层，其"图层"面板的状态如图10-56所示。

图10-56

28 拖动"kaven"图层到"图层"面板底部的"创建新图层"按钮 ，对图层进行复制操作，得到"kaven 副本"图层，按快捷组合键【Ctrl+Shift+]】，使图层至顶层，如图10-57所示。

图10-57

29 单击"图层"面板底部的"添加图层样式"按钮 ，在弹出的下拉菜单中执行"投影"命令，在弹出的对话框中进行如图10-58所示参数的设置。

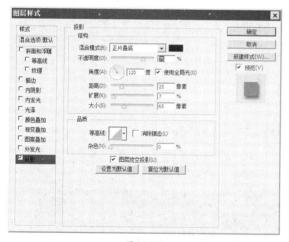

图10-58

30 设置完"投影"面板后，单击"确定"按钮，即可为"图层2"中的图形添加投影的效果，如图10-59所示。

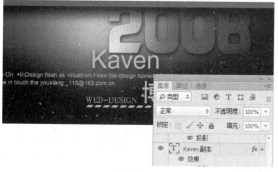

图10-59

31 选中"kaven"图层，按住【Shift】键并单击"图层3"图层，已将其中间的图层都选中，按【Ctrl+E】快捷键，执行"合并图层"的操作，得到"图层3 副本11"图层，其"图层"面板的状态如图10-60所示。

图10-60

32 选择工具栏的"渐变工具" ，再单击操作面板的左上角的"渐变工具栏"，弹出"渐变编辑器"对话框，设置弹出的对话框如图10-61所示。

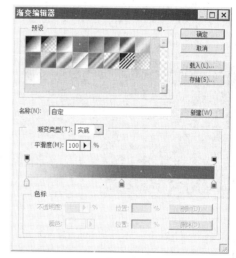

图10-61

33 单击"图层"面板上部的"锁定透明像素"按钮 ，单击工具栏的"渐变工具" ，使用与前边相同的渐变色，单击"线性渐变"按钮 后，在画面中从左向右拖动鼠标，得到如图10-62所示的效果。

图10-62

34 单击"添加图层蒙版"按钮 ▣，为"2008"图层添加图层蒙版，设置前景色为黑色，使用"画笔工具" ✎，设置适当的画笔大小和透明度后，在画面中涂抹，其蒙版状态和"图层"面板如图10-63所示。

图10-63

35 使用工具栏中的"圆角矩形工具" ▢，在工具选项栏中单击"路径"按钮 ▨，在画面中绘制圆角矩形，如图10-64所示。

图10-64

36 设置前景色为（R：239，G：236，B：0），选择"画笔工具" ✎，在工具选项栏的"画笔"面板中进行如图10-65所示的设置，选择"钢笔工具" ✎，在路径上右击，执行"描边路径"命令，在弹出的对话框中进行设置后单击"确定"按钮，如图10-65所示。

图10-65

37 按住【Ctrl】键，在"图层3"的图层缩览图上方单击，载入选区，如图10-66所示。

图10-66

38 单击"图层"面板底部的"添加图层样式"按钮 fx，在弹出的下拉菜单中执行"投影"命令，在弹出的对话框中进行如图10-67所示的参数设置。

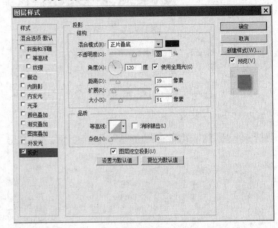

图10-67

39 设置完"投影"面板后，单击"确定"按钮，即可为"图层2"中的图形添加投影的效果，如图10-68所示。

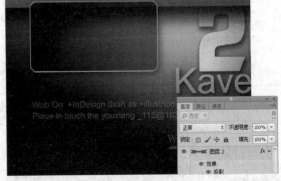

图10-68

40 使用工具栏中的"横排文字工具" T，设置适当的字体和字号，在画面下方输入相关文字，得到相应的图层，如图10-69所示。

41 分别在3个"文字"图层的上边右击，在弹出的菜单中执行"栅格化图层"命令，得到如图10-70所示的效果。

图10-69

图10-70

42 使"W"图层呈操作状态,使用"矩形选框工具" ⬚ ,在画面中拖出矩形选框,按【Delete】键删除选区内容,如图10-71所示。再按快捷键【Ctrl+D】,取消选区。

图10-71

43 使"B"图层呈操作状态,使用"矩形选框工具" ⬚ ,在画面中拖出矩形选框,按【Delete】键删除选区内容,如图10-72所示。再按快捷键【Ctrl+D】,取消选区。

图10-72

44 使用工具栏中的"移动工具" ▸ ,调整这3个字母的位置,得到如图10-73所示的效果。

图10-73

45 执行菜单"文件"/"打开"命令,在弹出的"打开"对话框中选择配套光盘中本章节的"素材1"文件,单击"打开"按钮,如图10-74所示。

图10-74

46 使用工具栏中的"移动工具" ▸ ,把"素材1"文件拖动到步骤1新建的文件中,生成"图层6"图层,按快捷键【Ctrl+T】,调出自由变换控制框,调整选框到如图10-75所示的状态,按【Enter】键确认操作。

图10-75

47 单击"图层"面板底部的"添加图层样式"按钮 *fx* ,在弹出的下拉菜单中执行"投影"命令,在弹出的对话框中进行如图10-76所示的参数设置。

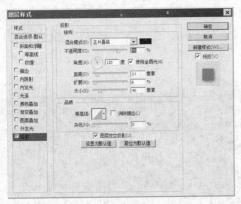

图10-76

48 执行"文件"/"打开"命令，在弹出的"打开"对话框中选择配套光盘中本章节的"素材2"文件，单击"打开"按钮，如图10-77所示。

图10-77

49 使用工具栏中的"移动工具" ，把"素材2"文件拖动到步骤1新建的文件中，生成"图层7"图层，按快捷键【Ctrl+T】，调出自由变换控制框，调整选框到如图10-78所示的状态，按【Enter】键确认操作。

图10-78

50 新建图层，生成"图层11"图层，使用同样的方法，再绘制一个白色圆环图形，在"图层"面板的顶部，设置图层的不透明度为"12%"，得到如图10-79所示的效果。

51 复制"图层10"，得到"图层10 副本"图层，使用"移动工具" ，按快捷键【Ctrl+T】，调出自由变换控制框，调整选框到如图10-80所示的状态，按【Enter】键

确认操作，在"图层"面板的顶部，设置图层的不透明度为"29%"。

图10-79

图10-80

52 复制"图层10 副本"，得到"图层10 副本2"图层，使用"移动工具"，按快捷键【Ctrl+T】，调出自由变换控制框，调整选框到如图10-81所示的状态，按【Enter】键确认操作。

图10-81

53 复制"图层10 副本2"，得到"图层10 副本3"图层，使用"移动工具" ，按快捷键【Ctrl+T】，调出自由变换控制框，调整选框到如图10-82所示的状态，按【Enter】键确认操作，在"图层"面板的顶部，设置图层的不透明度为"14%"，最终完成了这幅网页头图的制作。

图10-82

10.4

课后练习

一、选择题

1. 字距能对文字产生怎样的变化？（　　）

    A．调整两字符间的距离
    B．将选取字符间的距离平均分布

    C．字的大小随笔画数增减
    D．升降选取的文字

2. 文字图层转换为一般图层要通过哪个命令来实现？（　　）

    A．拼合图层
    B．合并可见图层

    C．栅格化
    D．新建图层

3. 可否在同一段文字中用两种不同的字体？（　　）

    A．不可以
    B．要以字体来定

    C．可以
    D．必须在其他软件中进行

二、问答题及上机操作题

1. 点文本与段落文本的区别是什么？

2. 尝试为自己精心制作的图像或者照片添上一段漂亮的文字效果。

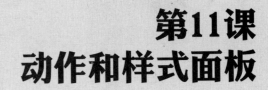

第11课
动作和样式面板

　　本课主要对Photoshop CC中的样式面板和动作面板功能进行讲解。动作面板可以将一系列命令记录下来，组合成一个动作，然后对其他需要做相同操作的图像进行同样的处理，还可以利用批处理命令完成大量的重复性操作以及样式的基本操作和应用。

11.1

11.1.1 动作面板

动作面板

利用"动作"面板可以进行记录、执行、编辑和删除动作，还可以创建新创作，存储和载入动作文件。

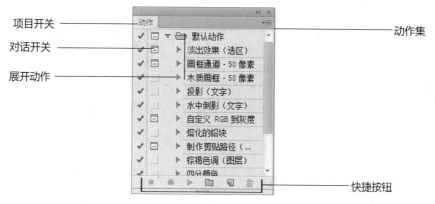

项目开关
对话开关
展开动作
动作集
快捷按钮

图11-1

执行菜单"窗口"/"动作"命令将显示"动作"面板，如图11-1所示。下面介绍"动作"面板的各个组成部分的功能。

在"动作"面板中，单击面板右上角的小三角按钮，可以打开"动作"面板菜单，如图11-2所示。当执行"按钮模式"命令时，即可使用按钮方式来显示控制面板中的动作。如想返回列表显示模式，再一次执行"按钮模式"命令即可，如图11-3所示。

图11-2   图11-3

> **提示**
>
> 在"按钮模式"显示的情况下不能进行任何记录、删除和修改动作的操作。这种模式只是为了方便执行"动作"功能。

11.1.2 动作的使用

创建并记录动作

创建"动作"时，要先新建一个序列。单击"动作"面板下的"创建新组"□按钮或者执行面板菜单中的"新建组"命令，将弹出图11-4所示的对话框，在对话框中设置新序列名，单击"确定"按钮即可建立序列。

图11-4

图11-5

在"动作"面板中单击"创建新动作"按钮；或在面板的下拉菜单中执行"新动作"命令；也可以按住【Ctrl】键单击按钮，都可以打开"新建动作"对话框，如图11-5所示。

> **提示**
>
> 当按下选择的快捷键时，就会自动显示选择的结果。例如，使用快捷组合键【Ctrl+Shift+F2】，只需按下这几个键，在对话框中会自动显示结果。

图11-6

在对话框中进行设置后，单击"记录"按钮，此时"动作"面板的记录按钮会变成红色，表示已经进入录制状态，如图11-6所示。

当操作完毕后，单击"动作"面板中的"停止"按钮或按【Esc】键，将停止内容记录。完成后，可以看见执行的命令显示在"动作"面板中，在命令左边单击 ▶ 按钮时按钮会变成 ▼ 形状，表示展开录制的内容。

执行动作

先选中所要执行的动作，然后单击"动作"面板中的"播放选定的动作"按钮或执行面板下拉菜单中的"播放"命令，这样将执行所选动作的操作，如图11-7所示。

当执行一个含较多记录命令的动作时，可以改变它的速度。在"动作"面板的下拉菜单中执行"回放选项"命令，将弹出图11-8所示的对话框。

图11-7

图11-8

> **提示**
>
> 动作也可以在"按钮模式"中进行，只要单击动作按钮即可。执行动作时，Photoshop会执行该动作中的所有记录命令，即使是关闭的命令也会被执行。

11.1.3 编辑和修改动作

编辑动作

在录制动作中为了避免麻烦，所以动作的编辑是非常重要的。编辑动作包括以下几方面内容。

★ 添加步骤：单击"动作"面板中的"开始记录"按钮，可以向动作中添加步骤。

★ 复制步骤：将要复制的步骤拖到"创建新动作"按钮上即可。

★ 删除步骤：将要删除的步骤拖到"删除"按钮上即可。

★ 移动动作：在"动作"面板中用鼠标拖动想要移动的动作到另一动作集，当出现虚线时释放鼠标即可，如图11-9所示。

★ 修改步骤参数：在每个步骤左边都有一个小三角按钮，单击后则会在其步骤的下边显示参数设置。若双击步骤名，会弹出步骤的参数设置对话框，从中可以修改步骤的参数。

修改动作

修改动作可以对记录完成的动作进行修改、重新记录、复制或更名。

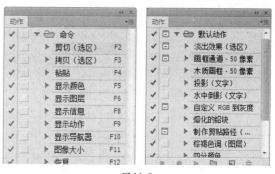

图11-9

★ 更改动作的名称：在"动作"面板中双击该动作的名称，将会在所选名称后出现一个闪烁的光标，输入的新名称会自动将原名称覆盖，如图11-10所示。也可以在按住【Alt】键的同时双击要更改的动作或者执行"动作"面板下拉菜单中的"动作选项"命令，打开"组选项"对话框，如图11-11所示，在"名称"文本框中输入要更改的名称，单击"确定"按钮即可。

图11-10

图11-11

执行"动作"面板下拉菜单中的"开始记录"命令，可以在动作中增加动作记录。如果当前所选的是某一动作，新增的命令将显示在该命令的后面；如果所选的是动作中的某一命令，新增的命令将显示在该命令之下。

执行"动作"面板下拉菜单中的"再次记录"命令，可以将动作重新记录，在弹出的对话框中重新进行设置。

执行"动作"面板下拉菜单中的"插入停止"命令，可以在动作中插入一个暂停设置，因为在记录动作时不能记录用画笔、喷枪等绘图工具绘制的图形，先插入暂停就可以将动作停留在这一步操作上，以便手动进行部分操作，待这些操作完成后再继续执行动作中的其他命令。

11.1.4 安装和保存动作

各项操作完成后，动作将会暂时保存在Photoshop中，在重新启动Photoshop后也会存在；但是如果重新安装了Photoshop，则这些新记录的动作就会被删除。因此，最安全的方法就是将这些动作保存起来。

选中要保存的序列名，执行"动作"面板下拉菜单中的"载入动作"命令。

在弹出的对话框中设置文件名和位置后单击"确定"按钮即可，如图11-12所示。保存后的文件扩展名为*.ATN。

图11-12

保存动作时，必须选中包含该动作的序列，而且保存的文件中只包含该序列的所有动作；在"保存"对话框中不输入文件名，而以动作的序列名来显示。

"图像处理器"命令可以转换和处理很多的文件。跟"批处理"命令不同的是"图像处理器"命令能够在初始时无需创建动作就可以处理文件。

执行菜单"文件"/"脚本"/"图像处理器"命令，弹出"图像处理器"对话框，如图11-13所示。

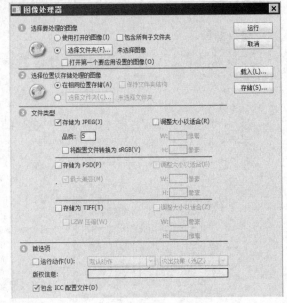

图11-13

提示

图像处理器的设置仅供处理器临时使用。

在处理图像之前，在对话框中单击"存储"按钮保存当前设置。当下一次需要处理文件的时候，使用这一组设置，单击"载入"按钮，调出所保存的图像处理器设置。

11.1.5 自动命令

"自动"菜单命令可以简化图像的编辑，以提高工作效率。执行菜单"文件"/"自动"命令，将弹出下拉菜单，下面将介绍此菜单中的各个命令。

执行"批处理"命令

选择"批处理"命令可以对多个图像文件执行同一个动作的操作，实现操作自动化。

执行菜单"文件"/"自动"/"批处理"命令，弹出图11-14所示的对话框。

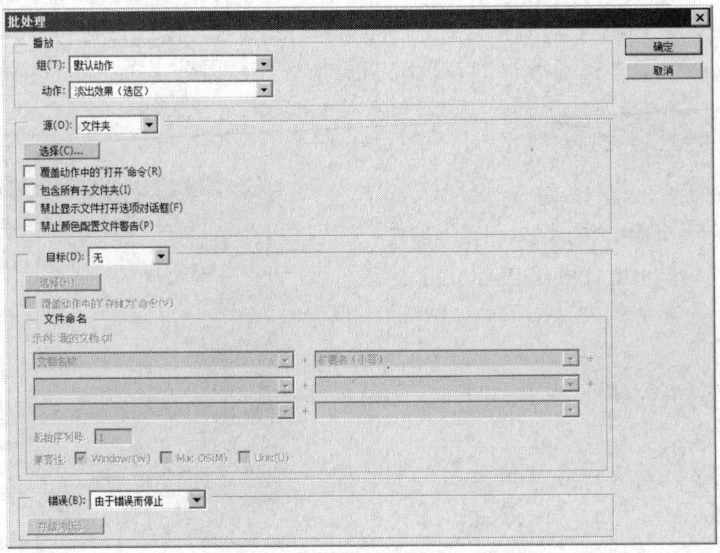

图11-14

执行"批处理"命令时，如要中止操作可以按下【Esc】键；还可以将"批处理"命令记录到动作中，这样可以一次性地执行多个文件。

11.1.6 "样式"控制面板

图层样式具有单独的控制面板。可以利用样式控制面板存储各种图层特效，并将它快速地应用到图层对象上，这样就不必为制作某种图层特效而必须选择多步操作了。

执行"窗口"/"样式"命令，即可调出"样式"控制面板。"样式"控制面板实际上是许多图层特效的集合。

选中"图层"面板上要使用样式的图层，在"样式"控制面板中选择样式，即可应用样式到图层上，如图11-15所示。

图11-15

新建和删除图层样式

如果"样式"控制面板上没有需要的样式，读者可以建立自己喜欢的图层样式并将其保存，在需要时将其调出来使用。

首先打开"图层样式"设置对话框，在对话框中设置所需要的特效后，单击"新建样式"按钮，在弹出的"新建样式"设置对话框中，可以在名称栏设置样式的"名称"，选中"包含图层效果"复选项，表示将特效加入到样式中，选中"包含图层混合选项"复选项，表示将图层混合选项加入到样式中，单击"确定"按钮，即可在"样式"控制面板中新增一个新的样式，如图11-16所示。

图11-16

创建新样式的另一种方法是在完成图层的各种效果后，在"样式"控制面板的下方单击![]按钮，就可以将当前图层所使用的效果存储起来，此时在"样式"面板中就会出现新的样式。当然，对于不想要的样式可以将其拖到"样式"面板下方的![]图标上进行删除。

管理样式

设定了图层样式后，即可将新的图层样式存储为预置的图层样式，可以创建、载入和存储图层样式库。

载入样式：在"样式"控制面板弹出的下拉菜单中，可以选择不同的样式文件进行载入。

在选择完成后，会弹出提示框，单击"确定"按钮表示将使用新的样式取代"样式"控制面板上现有的样式，如图11-17所示。单击"追加"按钮表示将新的样式加到"样式"控制面板上现有样式的后面，如图11-18所示。

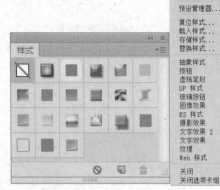

图11-17

图11-18

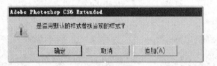

11.2 实例应用：

光盘
11/实例应用/美食节POP设计.PSD

「美食节 POP 设计」

实例目标

美食节POP制作共分为4个部分。第1部分制作渐变的底纹背景；第2部分添加主体美食图像；第3部分制作POP的主体文字和添加装饰图像；第4部分输入其他文字信息。

技术分析

制作渐变的底纹背景，运用了填充图层和图层混合模式；添加主体美食图像，运用了自由变换命令和图层样式等技术；制作POP的主体文字主要运用了文字工具和钢笔工具。

制作步骤

01 新建文档。执行菜单"文件"/"新建"命令（或按快捷键【Ctrl+N】），设置弹出的"新建"命令对话框，如图11-19所示，单击"确定"按钮即可创建一个新的空白文档。

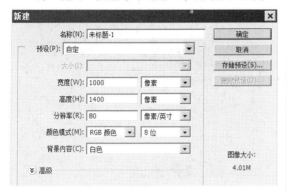

图11-19

02 单击"创建新的填充或调整图层"按钮，在弹出的菜单中选择"渐变"命令，设置弹出的对话框，如图11-20所示。在对话框的编辑渐变颜色选择框中单击，可以弹出"渐变编辑器"对话框，在对话框中可以编辑渐变的颜色。

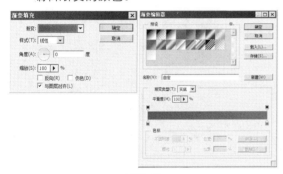

图11-20

03 设置完对话框后，单击"确定"按钮，得到图层"渐变填充1"，此时的效果如图11-21所示。

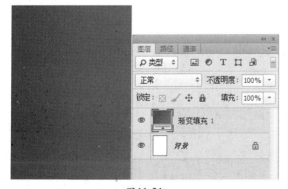

图11-21

04 单击"创建新的填充或调整图层"按钮，在弹出的菜单中选择"渐变"命令，设置弹出的对话框，如图11-22所示。在对话框的编辑渐变颜色选择框中单击，可以弹出"渐变编辑器"对话框，在对话框中可以编辑渐变的颜色。

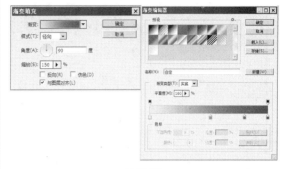

图11-22

05 设置完对话框后，单击"确定"按钮，得到图层"渐变填充2"，此时的效果如图11-23所示。

图11-23

06 更改图层混合模式。设置"渐变填充2"的图层混合模式为"正片叠底"模式，图像效果和"图层"面板如图11-24所示。

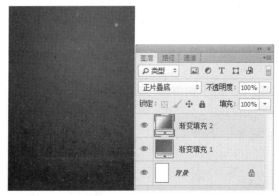

图11-24

07 单击面板底部的"创建新图层"按钮，新建一个图层，得到"图层1"，设置前景色为白色，按快捷键【Alt+Delete】用前景色填充"图层1"，得到如图11-25所示的效果。

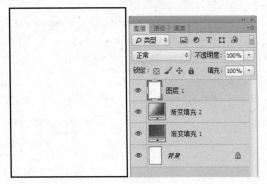

图11-25

08 执行菜单"滤镜"/"纹理"/"颗粒"命令，设置弹出的对话框中的参数后，得到如图11-26所示的效果。

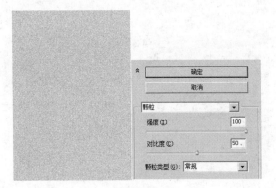

图11-26

09 执行菜单"图像"/"调整"/"去色"命令或按快捷组合键【Ctrl+Shift+U】，执行"去色"命令，将图像中的色彩去除，使其变为黑白图像，如图11-27所示。

图11-27

10 更改图层属性。设置"图层1"的图层混合模式为"柔光"模式，图层不透明度为"50%"，图像效果和"图层"面板如图11-28所示。

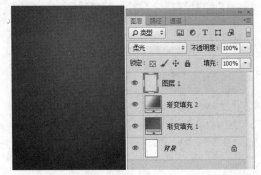

图11-28

11 单击"图层"面板下方的"创建新的填充或调整图层"按钮，在弹出的菜单中选择"色阶"命令，设置弹出的对话框，如图11-29所示。

图11-29

12 设置完"色阶"命令的参数后，单击"确定"按钮，得到图层"色阶1"，按快捷组合键【Ctrl+Alt+G】，执行"创建剪贴蒙版"操作，此时的效果如图11-30所示。

图11-30

13 打开图片。打开随书光盘中的"11/实例应用/素材1"纹理图像文件，此时的图像效果和"图层"面板如图11-31所示。

图11-31

14 使用"移动工具" ，将图像拖动到第一步新建的文件中，得到"图层2"，按快捷键【Ctrl+T】，调出自由变换控制框，旋转变换图像到如图11-32所示的状态，按【Enter】键确认操作。

图11-32

15 更改图层属性。设置"图层2"的图层混合模式为"颜色减淡"模式，图层不透明度为"20%"，图像效果和"图层"面板如图11-33所示。

图11-33

16 按快捷键【Ctrl+J】，复制"图层2"，得到"图层 2 副本"，设置"图层2副本"的图层不透明度为"40%"，按快捷键【Ctrl+T】，调出自由变换控制框，水平翻转、移动图像到如图11-34所示的状态，按【Enter】键确认操作。

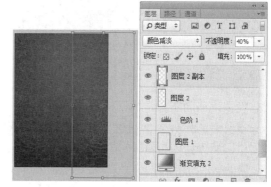

图11-34

17 打开图片。打开随书光盘中的"11/实例应用/素材2"花纹图像文件，此时的图像效果和"图层"面板如图11-35所示。

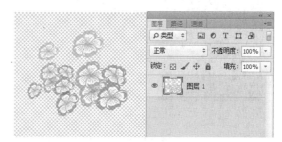

图11-35

18 使用"移动工具" ，将图像拖动到第一步新建的文件中，得到"图层3"，按快捷键【Ctrl+T】，调出自由变换控制框，变换图像到如图11-36所示的状态，按【Enter】键确认操作。

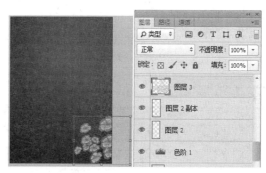

图11-36

19 打开图片。打开随书光盘中的"11/实例应用/素材 3"花纹图像文件，此时的图像效果和"图层"面板如图11-37所示。

图11-37

20 使用"移动工具" ，将图像拖动到第一步新建的文件中，通过复制和自由变换图像，制作如图11-38所示的效果，得到"图层4"和"图层5"。

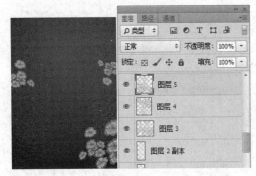

图11-38

21 打开图片。打开随书光盘中的"11/实例应用/素材 4"花纹图像文件，此时的图像效果和"图层"面板如图11-39所示。

图11-39

22 使用"移动工具" ，将图像拖动到第一步新建的文件中，得到"图层6"，按快捷键【Ctrl+T】，调出自由变换控制框，变换图像到如图11-40所示的状态，按【Enter】键确认操作。

图11-40

23 单击"添加图层样式"按钮 ，在弹出的菜单中选择"投影"命令，设置弹出的"投影"对话框，如图11-41所示。

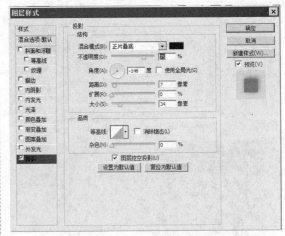

图11-41

24 设置完"投影"对话框后，单击"确定"按钮即可为图像添加投影的效果，此时的图像效果如图11-42所示。

图11-42

25 打开图片。打开随书光盘中的"11/实例应用/素材5"标志图像文件，此时的图像效果和"图层"面板如图11-43所示。

图11-43

26 使用"移动工具" ，将图像拖动到第一步新建的文件中，得到相应的图层，按快捷键【Ctrl+T】，调出自由变换控制框，变换图像到如图11-44所示的状态，按【Enter】键确认操作。

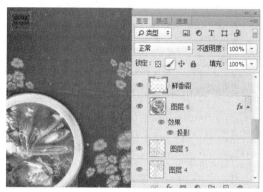

图11-44

27 单击"锁定透明像素"按钮 ，设置前景色为白色，按快捷键【Alt+Delete】用前景色填充标志图层，即可得到如图11-45所示的效果。

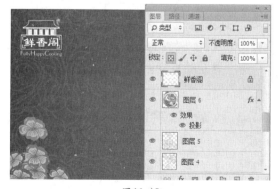

图11-45

28 设置前景色为白色，使用"横排文字工具" ，设置适当的字体和字号，在图像中输入主题文字，得到相应的文字图层，按快捷键【Ctrl+T】，调出自由变换控制框，变换图像到如图11-46所示的状态，按【Enter】键确认操作。

图11-46

29 设置前景色为白色，选择"钢笔工具" ，在工具选项栏中单击"形状图层"按钮 ，在文字右侧绘制一个火焰形状，得到图层"形状1"，如图11-47所示。

图11-47

30 按快捷键【Ctrl+J】，复制"形状1"，得到"形状1 副本"，按快捷键【Ctrl+T】，调出自由变换控制框，将图像变换到如图11-48所示的状态，按【Enter】键确认操作。

图11-48

31 按照前面介绍的方法，继续复制变换形状，制作如图11-49所示的效果。

图11-49

32 设置前景色为白色，使用"横排文字工具" T，设置适当的字体和字号，在图像中输入说明性的文字，得到相应的文字图层，此时的效果如图11-50所示。

图11-50

33 打开图片。选择"图层2副本"为当前操作图层，打开随书光盘中的"11/实例应用/素材6"纹理图像文件，此时的图像效果和"图层"面板如图11-51所示。

图11-51

34 使用"移动工具" ，将图像拖动到第一步新建的文件中，得到"图层7"，按快

捷键【Ctrl+T】，调出自由变换控制框，旋转变换图像到如图11-52所示的状态，按【Enter】键确认操作。

图11-52

35 单击"添加图层样式"按钮 fx，在弹出的菜单中选择"外发光"命令，设置弹出的"外发光"对话框，如图11-53所示。

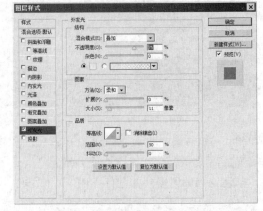

图11-53

36 最终效果。设置完"外发光"对话框后，单击"确定"按钮，即可为图像添加外发光的效果，此时的图像如图11-54所示。

图11-54

11.3 拓展训练：制作美食节POP

本例也是制作美食节POP，与上一节不同的是它采用了冷色调为主色，在整体的版式上也有所不同。本例重点使用了Photoshop中的图层样式技术。

01 新建文档。执行菜单"文件"/"新建"命令（或按快捷键【Ctrl+N】），设置弹出的"新建"对话框，如图11-55所示。单击"确定"按钮即可创建一个新的空白文档。

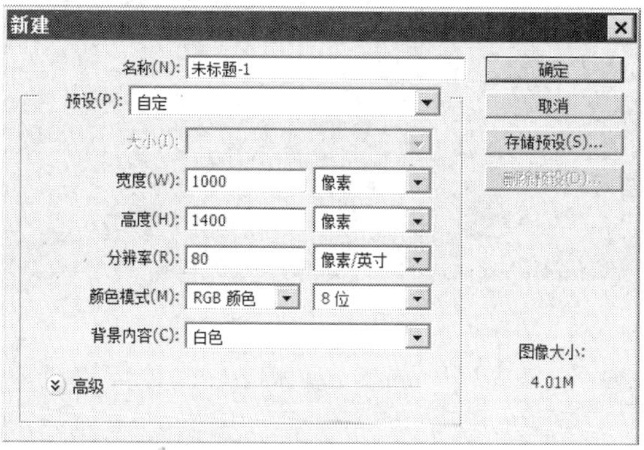

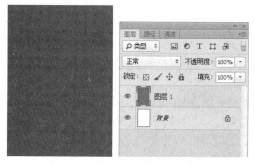

图11-55

02 单击面板底部的"创建新图层"按钮 ，新建一个图层，得到"图层1"，设置前景色的颜色值为164e97，按快捷键【Alt+Delete】用前景色填充"图层1"，得到如图11-56所示的效果。

图11-56

03 打开图片。打开随书光盘中的"11/拓展训练/素材 1"纹理图像文件，使用"移动工具" ，将图像拖动到第一步新建的文件中，得到"图层2"，按快捷键【Ctrl+T】，调出自由变换控制框，变换图像到如图11-57所示的状态，按【Enter】键确认操作。

04 更改图层混合模式。设置"图层2"的图层混合模式为"叠加"模式，图像效果和"图层"面板如图11-58所示。

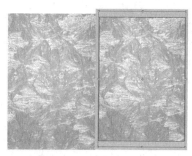

图11-57

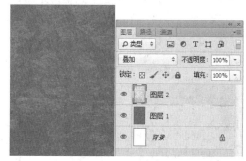

图11-58

05 设置前景色的颜色值为fdc700，选择"椭圆工具" ，在工具选项栏中单击"形状图层"按钮 ，按住【Shift】键，在图像中绘制圆形，得到图层"椭圆1"，如图11-59所示。

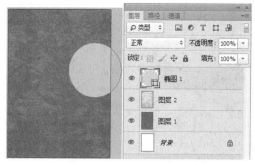

图11-59

06 按快捷键【Ctrl+J】，复制"椭圆1"，得到"椭圆1副本"，设置前景色的颜色值为fcffc6，按快捷键【Alt+Delete】用前景色填充"椭圆1副本"，按快捷键【Ctrl+T】，调出自由变换控制框，变换图像到如图11-60所示的状态，按【Enter】键确认操作。

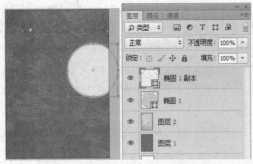

图11-60

07 按快捷键【Ctrl+J】，复制"椭圆1副本"，得到"椭圆1副本2"，设置前景色为白色，按快捷键【Alt+Delete】用前景色填充"椭圆1副本2"。按快捷键【Ctrl+T】，调出自由变换控制框，变换图像到如图11-61所示的状态，按【Enter】键确认操作。

图11-61

08 设置前景色的颜色值为d9ff00，选择"椭圆工具" ，在工具选项栏中单击"形状图层"按钮 ，按住【Shift】键在图像中绘制圆形，得到图层"椭圆2"，如图11-62所示。

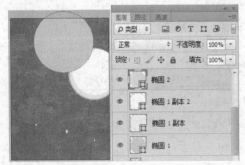

图11-62

09 按照前面介绍的方法，继续复制变换圆形形状，然后重新为圆形填充颜色，制作如图11-63所示的效果。

10 打开图片。打开随书光盘中的"11/拓展训练/素材 2"图像文件，此时的图像效果和"图层"面板如图11-64所示。

图11-63

图11-64

11 选择图层"椭圆2副本 2"，使用"移动工具" ，将图像拖动到第一步新建的文件中，得到"图层3"，按快捷组合键【Ctrl+Alt+G】，执行"创建剪贴蒙版"操作，按快捷键【Ctrl+T】，调出自由变换控制框，将"图层3"中的图像变换到如图11-65所示的状态，按【Enter】键确认操作。

图11-65

12 打开图片。打开随书光盘中的"11/拓展训练/素材 3"图像文件，使用上一步介绍的方法将图像放入下方的白色圆圈内，如图11-66所示。

13 设置前景色的颜色值为00087a，选择"钢笔工具" ，在工具选项栏中单击"形状图层"按钮 ，在文字右侧绘制一个火焰形状，得到图层"形状1"，如图11-67所示。

图11-66

图11-67

14 选择"图层2",按快捷键【Ctrl+J】,复制"图层2",得到"图层2副本",将该图层调整到"形状3"的上方,移动图像到如图11-68所示的状态。

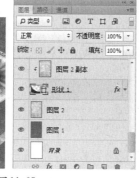

图11-68

15 单击"添加图层蒙版"按钮 ,为"形状1"添加图层蒙版,设置前景色为黑色,背景色为白色,使用"渐变工具" ,设置渐变类型为从前景色到背景色,在图层蒙版中从右往左绘制渐变,此时的图像效果如图11-69所示。

16 选择"形状3"图层,单击"添加图层样式"按钮 ,在弹出的菜单中选择"投影"命令,设置弹出的对话框后,继续设置"渐变叠加"选项对话框,如图11-70所示。

图11-69

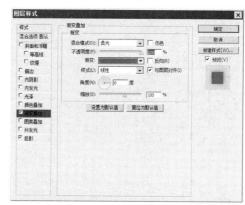

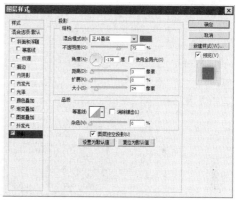

图11-70

17 设置完"图层样式"对话框后,单击"确定"按钮,得到相应的图层样式效果,如图11-71所示。

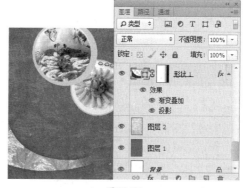

图11-71

18 单击面板底部的"创建新图层"按钮，新建一个图层，得到"图层5"，设置其混合模式为"强光"模式，按快捷组合键【Ctrl+Alt+G】，执行"创建剪贴蒙版"操作，设置前景色的颜色值为oo72b5，选择"画笔工具"，设置适当的画笔大小和透明度后，在"图层5"中涂抹，得到如图11-72所示的效果。

图 11-74

图 11-72

19 打开图片。打开随书光盘中的"12/拓展训练 素材 4"图像文件，使用"移动工具"，将图像拖动到第一步新建的文件中，得到"图层6"，按快捷键【Ctrl+T】，调出自由变换控制框，变换图像到如图11-73所示的状态，按【Enter】键确认操作。

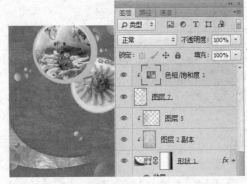

图 11-75

22 打开图片。打开随书光盘中的"12/拓展训练/素材 5"图像文件，使用"移动工具"，将图像拖动到第一步新建的文件中，得到"图层7"，按快捷键【Ctrl+T】，调出自由变换控制框，变换图像到如图11-76所示的状态，按【Enter】键确认操作。

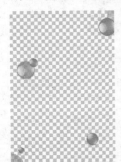

图 11-73

20 单击"图层"面板下方的"创建新的填充或调整图层"按钮，在弹出的菜单中执行"色相/饱和度"命令，设置弹出的对话框，如图11-74所示。

21 设置完"色相/饱和度"命令的参数后，单击"确定"按钮，得到图层"色相/饱和度1"，按快捷组合键【Ctrl+Alt+G】，执行"创建剪贴蒙版"操作，即可将调整图层只用于"图层6"中的图像上，如图11-75所示。

图 11-76

23 选择"图层7"图层，单击"添加图层样式"按钮，在弹出的菜单中执行"投影"命令，设置弹出的对话框后，继续设置"描边"选项对话框，如图11-77所示。

24 设置完"图层样式"对话框后，单击"确定"按钮，得到相应的图层样式效果，如图11-78所示。

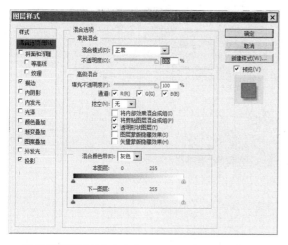

图11-77

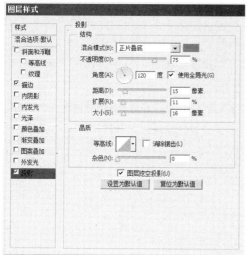

图11-78

25 设置前景色为白色，使用"横排文字工具"，设置适当的字体和字号，在图像下方输入主题文字，得到相应的文字图层，此时的效果如图11-79所示。

26 在"图层7"的图层名称上单击右键，在弹出的菜单中执行"复制图层样式"命令，然后在文字图层名称上单击右键，在弹出

的菜单中执行"粘贴图层样式"命令，得到如图11-80所示的效果。

图11-79

图11-80

27 调用前面所使用的标志素材，使用"移动工具"，将图像拖动到第一步新建的文件中，并将其调整到图像的右上方，得到相应的图层，如图11-81所示。

图11-81

28 单击"添加图层样式"按钮，在弹出的菜单中执行"投影"命令，设置弹出的"投影"对话框后，单击"确定"按钮，即可为图像添加投影的效果，此时的图像效果如图11-82所示。

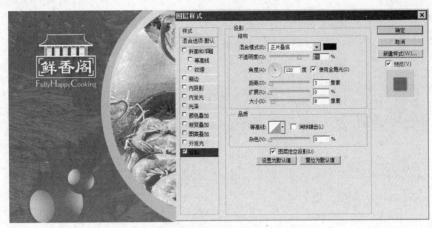

图11-82

29 设置前景色为白色，使用"横排文字工具" T，设置适当的字体和字号，在图像中输入说明性的文字，得到相应的文字图层，此时的效果如图11-83所示。

29 单击"添加图层样式"按钮 fx，在弹出的菜单中执行"投影"命令，设置弹出的"投影"对话框，如图11-84所示。

图11-83

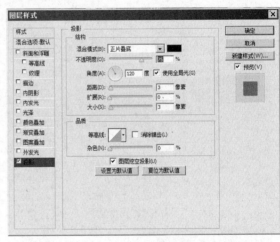

图11-84

30 设置完"投影"对话框后，单击"确定"按钮，即可为文字添加投影的效果，此时的图像效果如图11-85所示。

31 最终效果。选择文字图层，按快捷键【Ctrl+T】，调出自由变换控制框，旋转变换图像到如图11-86所示的状态，按【Enter】键确认操作。

图11-85

图11-86

11.4

一、选择题

1. 当按下选择的快捷键时，就会自动显示选择的结果。使用快捷键（　　），就会在对话框中会自动显示结果。

　　A．Ctrl+D　　　　　　　　　　B．Ctrl+Shift+F2

　　C．Ctrl+Shift+A　　　　　　　　D．Ctrl+R

2. 怎样新增动作？（　　）

　　A．单击"样式"控制面板上的"新增动作"按钮

　　B．单击"样式"控制面板上的"录制动作"按钮

　　C．单击"样式"控制面板上的"播放动作"按钮

　　D．单击"样式"控制面板上的"创建新设置"按钮

二、问答题

1. 新建图层样式有几种方式？

2. 如何将路径插入动作的记录中？

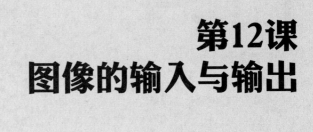

第12课
图像的输入与输出

本课主要讲解图像的输入与输出。图像的输入介绍了3种方法，分别为使用素材光盘、数码相机和扫描仪获得图像。图像的输出主要介绍印前准备工作、印前处理的工作流程、色彩校准、分色和打样及打印设置。

12.1

12.1.1 获取图像素材的方法

从素材光盘输入

将素材光盘放入光驱，双击桌面上"我的电脑"图标，可发现光驱图标发生变化，双击变化后的图标，即可打开素材光盘，获取图像素材。图标变化如图12-1所示。

从数码相机输入

用数码相机获取图像素材十分方便，可以根据自己的需要拍摄图像素材。然后将拍摄完的数码图片上传到计算机上。除了可以选择原配的数据线来传送以外，还可以使用读卡器。使用匹配相机存储卡的读卡器，便可以在无相机的状态下向计算机上传照片，所以相机的存储卡在有些时候还可以作为U盘使用。将图片保存到计算机上以后，便可以通过计算机显示器来欣赏自己的杰作，把这些图片当作素材应用不同的计算机软件制作出自己想要的各种效果。数码相机如图12-2所示。

图12-1

图12-2

从扫描仪输入

扫描仪与数码相机一样，是计算机的外部输入设备。它能将各种图像信息（如图片、照片、透明幻灯片和文字资料等）通过扫描仪扫描后转变成数字信号，并输入计算机。再通过计算机完成对图像和文字信息的处理、管理、存储和输出等。

而扫描仪与数码相机的主要区别在于：扫描仪只能扫描平面图像，如照片、画册、文稿及底片和反转片等。而数码相机可以很方便地拍摄生活中存在的立体实物，即具有一般照相机的摄录功能。

使用扫描仪可以扫描图像、文字以及照片等，不同的扫描对象有其不同的扫描方式。打开扫描仪的驱动界面，可以发现程序提供了3种扫描选项，其中"黑白"方式适用于白纸黑字的原稿，扫描仪会采用一个二进制位来表示黑与白两种像素，这样会节省磁盘空间。"灰度"则适用于既有图片又有文字的图文混排稿样，扫描该类型的文稿要兼顾文字和具有多个灰度等级的图片。"照片"适用于扫描彩色照片，它要对红绿蓝三个通道进行多等级的采样和存储。在扫描之前，一定要先根据被扫描的对象，选择一种合适的扫描方式，才有可能获得较高的扫描效果。

扫描分辨率越高得到的图像越清晰，但是考虑到如果超过输出设备的分辨率，再清晰的图像也不可能打印出来，仅仅是多占用了磁盘空间，没有实际的价值。扫描仪的应用界面如图12-3和图12-4所示。

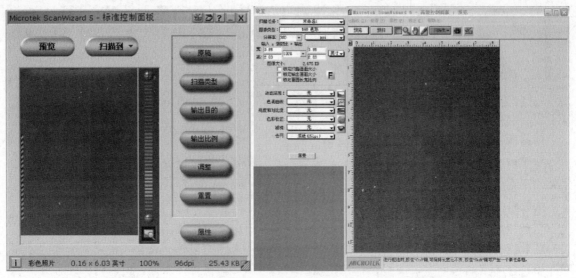

图12-3   图12-4

12.1.2 图像的印前处理

为了能将自己的创意在纸上忠实地再现，除了精美的设计外，更为关键的是要有标准无误的输出作为保证，因此对计算机设计师来说，做好印前准备工作是很重要的。

（1）在制作四色稿前，必须将图像设定为CMYK模式。

（2）分辨率的设置。杂志/宣传品采用的分辨率为300像素/英寸。

（3）需要出血的地方要留出血，一般为3mm，就是在实际尺寸基础上加大3mm，为了防止在成品裁切时使有色彩的地方边缘出现白边。

（4）检查文件中是否有小于0.076mm的线条（尤其是0.001mm）。小于0.076mm的线条是难以被晒版印刷的。

（5）如果黑色图像或文字出现在彩色图像上，一定要将其图层的混合模式更改为"正片叠底"模式，否则印出来的黑色周围会有白边，影响画面质量。

（6）文件最好为未合并层的PSD文件格式。

（7）图片内的文字说明（过小的）最好不要在Photoshop内完成，因为一旦转为图片格式以后，字会变虚。

提示

　　Photoshop作业一般只包含图像范畴。如果是做一个印刷页面，最好将图像、图形、文字分别使用不同的软件进行处理。

印前处理的工作流程

1. 简化EPS图像

在Postscript文件中，过于复杂的路径是使文件不能正确打印的罪魁祸首。有过多节点的路径或者平滑设定太低，都会增加文件的复杂程度，引起激光打印机或照排机死机，导致致命的"imitcheck"或"VMError" Postscript错误。

2. 用好字体

许多输出中心都不希望看到TrueType字，Postscript已经成了一种标准。

3．颜色转换

在把文件送去输出之前，要把RGB模式的色彩转换成CMYK模式。

4．使用数字

现在每个排版软件中都提供两种方法确定页面元素的大小和位置。一种是：拖动鼠标的感性方法；另一种是：在各种不同对话框和控制面板中输入数字的客观方法。要准确确定一个框的宽度恰好是一个半英寸，唯一正确的方法是在宽度栏中输入数字1.5英寸，而不是用目测或者对齐参考线的方法。

5．将排版页面设定为实际的尺寸

大多数的打印设备都建议将文件尺寸设定为页面实际尺寸，让应用软件自动产生正确定位的裁切线。

6．整理好文件

谈论这点对老手来说，可能是多余的，但对新手来说又不得不再强调一下。除了要将文件中用到的所有图像文件带齐，还要将文件中用到的Postscript字的点阵字（屏幕显示）和轮廓字（打印机用）都带到输出中心。

7．检查文件

其实就是很简单的检查。所谓检查应该包括：检查每一个被漏掉的页面元素、没有被正确定义的颜色和Postscript错误等。

8．打印文件

打印输出文件，要标明分色。如果身边找不到彩色打印机，那么过去用的色彩标注的方法就很有用。还要打印每份分色，这样对挖空和套印就很有用了。

9．打个电话与输出中心联系

不要在工作流程的最后，才与输出中心联系，要在工作一开始就联系。通过与最后负责输出人员的沟通，可以避免许多输出问题。

色彩校准

分色后的图像往往需要进行一定的校正才能达到要求。Photoshop软件中的校正工具较多，通常用到以下几个：

（1）用"曲线"补正图像的高调与暗调数值，兼顾整幅图像的阶调与灰平衡。"曲线"功能强大，而且对图像的阶调损失很小，希望读者喜欢它。例如图像的中间调偏暗，可以使用曲线进行调节。

（2）用"校对工具"对图中的局部色块进行必要调节。对于连续调色彩层次丰富的原稿（过渡渐变较多），希望读者慎重使用该项，调节量不要太大，否则会出现断层现象，破坏阶调的连续性。

（3）用"锐化工具"提高图像的清晰度。在"滤镜"/"锐化"下有4种锐化方式。其中"非锐化蒙版"功能最强。"数量"表示锐化的量（强度），Radius为参加锐化的像素数，Threshold表示锐化的起始点。读者可根据屏幕显示对这3个参数进行修改，保证印刷图像清晰、自然、颗粒度恰当。当然，读者首先要保证自己的显示器聚焦正常。

校完色的图像要做到亮暗调在正常范围内，中间调要符合人眼的视觉需要，忠实还原灰平衡。做到这几点，就可以说该图完工了。

分色和打样

制版时原稿要进行分色。彩色画稿或彩色照片，其画面上的颜色数有成千上万种。若要把这成千上万种颜色一色一色地印刷，几乎是不可能的。印刷上采用的是四色印刷的方法，即先将原稿进行色分解，分成青（C）、品红（M）、黄（Y）、黑（K）四色色版，然后印刷时再进行色的合成。所谓"分色"就是根据减色法原理，利用红、绿、蓝三种滤色片对不同波长的色光所具有的选择性吸收的特性，而将原稿分解为黄、品、青三原色。在分色过程中，被滤色片吸收的色光正是滤色片本身的补色光，以至在感光胶片上，形成黑白图像的负片、进行加网，构成网点负片，最后复制、晒成各色印版。这是最早的照相分色原理。

由于印刷技术的发展，现在可以通过印前扫描设备将原稿颜色分色、取样并转化成数字化信息，即利用与照相制版相同的方法将原稿颜色分解为红（R）、绿（G）、蓝（B）三色并进行数字化，再用计算机通过数学计算把数字信息分解为青（C）、品红（M）、黄（Y）、黑（K）四色信息，如图12-5所示。

图12-5

打样是印刷生产过程中心一个重要环节，目的是确认印刷生产过程中的设置、处理和操作是否正确，为客户提供最终印刷品的样品，称为样张。根据不同的使用目的，样张主要分为用于客户签字同意正式印刷的合同样张和用于版式或内部校正/检查目的的版式样张。合同样张是客户验收最终印刷品的质量依据，要求视觉效果和质量必须与最终的印刷品完全一样，否则客户可以拒绝验收付款。版式样张主要用于拼版和版面的校正，以便对设置、处理和操作进行必要的修改，因此，并不要求在视觉效果和质量上与最终印刷品完全一样。

打样大体可以分为3种方法，即打样机打样、（色粉）简易打样、数字打样。因为使用与正式印刷机相似的设备、印版、纸张和油墨，打样机打样是最传统的也是最可靠的一种打样方法。但打样机一般都是单色或双色机（一次运行只能得到一种或两种颜色），自动化程度不高，需要很高的操作技能和经验，而且必须事先制作印版，因此，打样效率低，还需要恒温恒湿环境控制，因此成本较高。这种打样方法在中国、日本等国家得到广泛应用和认可，是提供合同样张的主要途径。

（色粉）简易打样方法是一种利用光化学反应获得影像和彩色的打样技术，主要有叠层胶片打样和色粉打样两种。色粉打样起始于20世纪70年代中叶，在欧、美等国家得到较为广泛的应用和认可，但由于成像过程与实际印刷过程相差甚远，很难做到样张与印刷品的完全一致。

数字打样不同于上述两种方法，既不需要中介的分色网点胶片，也不需要印版，将数字印前系统（计算机）中生成的数字彩色图像（又称为数字页面或数字胶片）直接转换成彩色样张，即从计算机直接出样张。数字打样是20世纪90年代初期刚刚兴起的打样方法，但其快速、高效和直接数字转换的特点与印刷技术数字化和网络化的发展完全吻合，将成为21世纪最主要的打样方法。

12.1.3 图像的打印输出

打印设置

打印设置包括打印预览、页面设置等方面。

1. 打印预览

Photoshop CC具有很强的打印输出的控制能力，通过"打印预览"命令可以非常直观地控制图像打印的大小和位置。执行"文件"/"打印"命令，弹出图12-6所示的"打印设置"对话框。

图12-6

如果不修改任何参数，直接单击"打印"按钮进行打印输出，默认的打印尺寸是依照图像文件所包含的打印信息打印。数码图像只有横向、纵向的像素数，本身并不包含打印尺寸，打印信息是附加在图像文件上的，可以通过多种方法改变打印的尺寸。

在打印设置中改变打印尺寸的方法有：

（1）选中"缩放以适合介质"选项，Photoshop便会自动计算、最大限度地充满纸张打印。

（2）不选中"缩放以适合介质"选项，在"比例"或者"高度"或"宽度"文本框中输入数字也可以改变打印尺寸。

（3）选中"显示定界框"选项，在图像的四周会出现4个控点，用鼠标拖动控点，可以任意改变图像打印的大小。此时比例、高度、宽度也将关联变化。

　　单纯地通过改变打印设置来改变打印的大小并不改变图像本身，因而是有一定限制的，如果图像本身精度不高，打印的尺寸太大，会因分辨率太低而在打印时出现"马赛克"。

（4）默认的打印位置为纸张的中央，不选中"图像居中"选项，并在"顶"、"左"文本框中输入数值可以任意改变图像在纸张上的位置。

（5）背景、边界、出血、屏网、传递等选项是提供给专业人士使用的，除非需要特殊效果或需要精细控制，一般不需要改动这几项设置。

　　单纯为了保持图像不失真，比例、高度、宽度3个参数是相互关联的，改变其中任何一个，其他两个参数会自动做相应的改变。

（6）其他一些选项可以打印一些类似传统印刷的附加信息，如果打印单幅的照片，不需要也不能选中这些选项，否则会打印出一些多余的标志，破坏画面。但如果要打印印刷样稿或需要装订的批量作品，这些选项就很有用了。

这些设置只是根据打印机现有的设置调整打印的尺寸和位置，要真正控制打印质量，还得单击"页面设置"按钮，进入更详细的打印页面设置。

2．页面设置

执行"文件"/"页面设置"命令，弹出图12-7所示的"页面设置"对话框。在"页面设置"对话框中可以选取打印机、纸张类型等，还可以设置一些附加信息。

（1）单击对话框右下角的"打印机"按钮，弹出图12-8所示的打印机属性对话框。该对话框中含有打印机名称下拉列表，如果计算机系统中安装的打印机不止一台，可以在这里选择想使用的打印机。

单击对话框右上角的"属性"按钮打开的是打印机的参数设置窗口，那些参数将更直接地控制打印效果，但随打印机型号和驱动程序版本的不同，这些参数有可能不同。

（2）在"页面设置"对话框的"纸张"选项组中，可以选择纸张大小类型和进纸通道的来源。在"方向"区域中可以选择打印的方向，即纵向或横向打印。

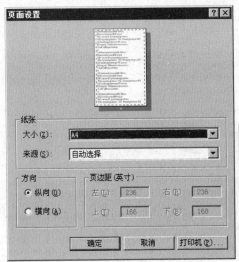

图12-7

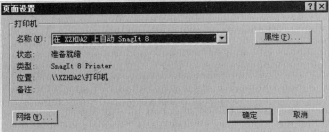

图12-8

单击"打印"对话框中的"页面设置"按钮，弹出图12-9所示的"页面设置"对话框，它与执行"文件"/"页面设置"命令，弹出的"页面设置"对话框界面不同，但作用大致相同。

打印图像

各项参数都设置好以后，就可以进行打印输出了。

打印指定图层

在"图层"面板中，选中指定图层，将其余图层全部隐藏，执行"文件"/"打印"命令，设置各项参数，单击"打印"按钮即可。

打印选择范围

按快捷组合键【Ctrl+Shift+I】将选择范围反选，新建图层，填充底色，

覆盖所有未选择范围，执行"文件"/"打印"命令，设置各项参数，单击"打印"按钮即可。

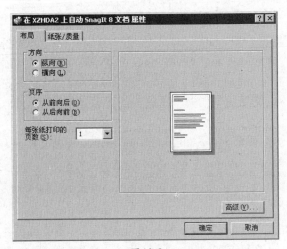

图12-9

打印多幅图像

按快捷键【Ctrl+N】，新建文件，文件大小和分辨率要适中，将多幅图像拖曳到新建文件中，并将其排列整齐，执行"文件"/"打印"命令，设置各项参数，单击"打印"按钮即可。

 实例应用：

光盘
12/实例应用/播放器界面设计.PSD

「**视觉 VI 设计**」

实例目标

本案例共分为4部分。第1部分为确定图标大小和底色；第2部分为边圈框制作，体现高光和阴影部分；第3部分是图案绘制；第4部分添加文字。

技术分析

确定形象堂的形状和界面设计；形象堂图标主要采用了"形状工具"、"文字工具"、"图层蒙版"、"图层样式"等技术。

制作步骤

01 执行菜单"文件"/"新建"命令（或按【Ctrl+N】快捷键），设置弹出的"新建"对话框，如图12-10所示。单击"确定"按钮即可创建一个新的空白文档，效果如图12-10所示。

02 设置前背景色为黑色，按快捷键【Alt+Delete】对"背景"图层进行填充，其效果如图12-11所示。

图12-10

图12-11

03 设置前背景色色值为（R：255，G：242，B：0），选择工具栏中的"椭圆工具"按钮 ◯，在工具选项栏中单击"形状图层"按钮 ▢，在画面上绘制正圆形，得到图层"形状1"，效果如图12-12所示。

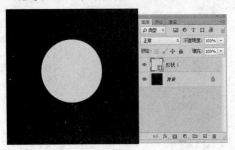

图12-12

04 单击"添加图层样式"按钮 *fx*，在弹出的菜单中执行"渐变叠加"命令，设置弹出的"渐变叠加"对话框，单击对话框中的编辑渐变色选择框，设置弹出的"渐变编辑器"对话框中的颜色，设置完后，单击"确定"按钮，如图12-13所示。

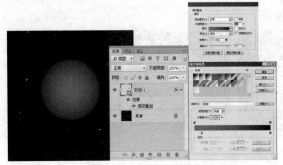

图12-13

05 选中"形状1"，拖动其到图层面板下方的"创建新图层"按钮，得到复制图层"形状1副本"，按【Ctrl】键并单击"形状1副本"图层，得到形状选取，选择"路径"面板下方的"将选区生成工作路径"按钮 ◯，如图12-14所示。

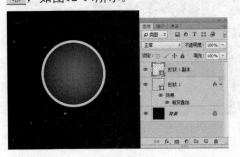

图12-14

06 新建一个图层，得到"图层1"，设置前景色为（R：176，G：130，B：19），选择"画笔工具"，设置适当的画笔大小和透明度后，在"图层1"中对"形状1副本"圆圈下边缘进行涂抹，画出阴影效果，设置参数及图层效果如图12-15所示。

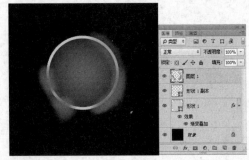

图12-15

07 新建一个图层，得到"图层2"，设置前景色为白色，选择"画笔工具" ✎，设置适当的画笔大小和透明度后，在"图层2"中对"形状1副本"圆圈边缘进行涂抹，画出高光效果，设置参数及图层效果如图12-16所示。

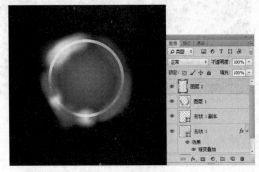

图12-16

08 选中"形状1副本"，拖动其到"图层"面板下方的"创建新图层"按钮，得到复制图层"形状1副本2"，如图12-17所示。

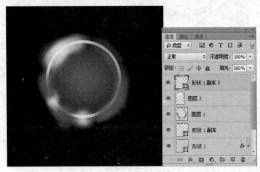

图12-17

09 同时选中"图层1"和"图层2"并按快捷组合键【Alt+Ctrl+G】，对"形状1副本"添加"创建剪切蒙版"效果，如图12-18所示。

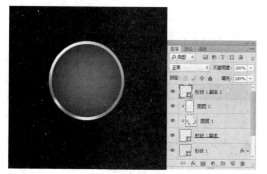

图12-18

10 新建一个图层，得到"图层3"，设置前景色为（R：176，G：130，B：19），选择"画笔工具" ，设置适当的画笔大小和透明度后，在"图层3"中对"形状1副本2"圆圈下边缘进行涂抹，画出阴影效果，设置参数及图层效果如图12-19所示。

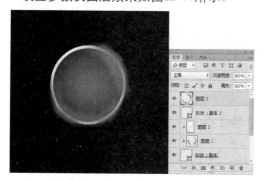

图12-19

11 新建一个图层，得到"图层4"，设置前景色为白色，选择"画笔工具" ，设置适当的画笔大小和透明度后，在"图层4"中对"形状1副本"圆圈边缘进行涂抹，画出高光效果，设置参数及图层效果如图12-20所示。

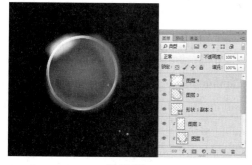

图12-20

12 同时选中"图层3"和"图层4"并按快捷组合键【Alt+Ctrl+G】，对"形状1副本2"添加"创建剪切蒙版"效果，如图12-21所示。

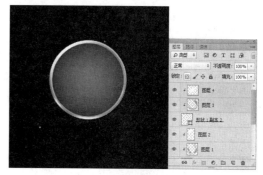

图12-21

13 打开随书光盘素材中的"素材1"文件并拖动至新建文件中，得到"组1"和"组2"图层，按快捷键【Ctrl+T】调出自由变换控制框，缩小选框并适当调整位置，设置图层模式为"穿透"，得到的效果图如图12-22所示。

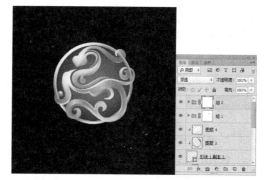

图12-22

14 打开随书光盘素材中的"素材2"文件并拖动至新建文件中，得到"图层22"，按快捷键【Ctrl+T】调出自由变换控制框，缩小选框并适当调整位置，设置图层模式为"叠加"，不透明度为"60%"，得到的效果图如图12-23所示。

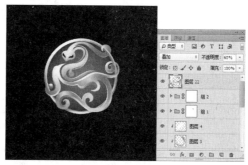

图12-23

15 选择工具栏中的"钢笔工具" ，在工具选项栏中单击"形状图层"按钮 ，在画面上绘制蛇的眼睛，得到图层"形状5"，效果如图12-24所示。

16 新建一个图层，得到"图层23"，设置前景色为（R：255，G：0，B：0），选择"钢笔工具" ，绘制眼睛的红色眼珠，图层效果如图12-25所示。

图12-24

图12-25

17 选中"图层23"并按快捷组合键【Alt+Ctrl+G】，对"形状5"添加"创建剪切蒙版"效果，如图12-26所示。

18 使用"横排文字工具" T ，设置适当的字体和字号，输入需要的文字，得到相应的文字图层，如图12-27所示。

图12-26

图12-27

19 最后使用"图层样式"设置文字的渐变效果，最终效果图和设置参数如图12-28所示。

图12-28

12.3 拓展训练：视觉VI延展设计

本例使用了"文字工具"、"自定形状工具"、"矩形工具"、"画笔工具"等工具选项绘制出画面的整体效果。

01 打开随书素材文件，如图12-29所示。

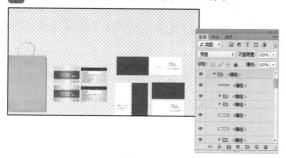

图12-29

02 打开上一节制作好的文件，使用"移动工具" ，将图像拖动到第一步打开的文件中，得到"图层2"，效果如图12-30所示。

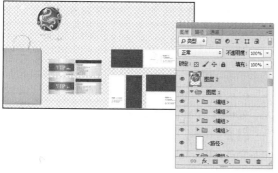

图12-30

03 复制"图层2"，将"图层2"拖动至"图层"面板下方的"新建图层"按钮 上，得到"图层2拷贝"，如图12-31所示。

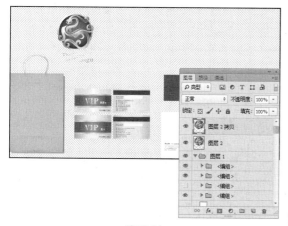

图12-31

04 将复制得到的"图层2拷贝"移动到手提袋上，按快捷键【Ctrl+T】调出自由变换控制框，变换图像得到的效果如图12-32所示，按【Enter】键确认操作。

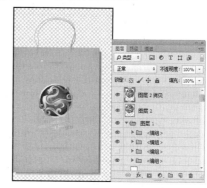

图12-32

05 复制"图层2拷贝"，将"图层2拷贝"拖动至"图层"面板下方的"新建图层"按钮 上得到"图层2拷贝2"，如图12-33所示。

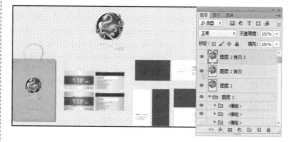

图12-33

06 将复制得到的"图层2拷贝2"移动到"VIP贵宾卡"上，按快捷键【Ctrl+T】调出自由变换控制框，变换图像得到的效果如图12-34所示，按【Enter】键确认操作。

图12-34

07 复制"图层2拷贝2",将"图层2拷贝2"拖动至"图层"面板下方的"新建图层"按钮 上,得到"图层2拷贝3",如图12-35所示。

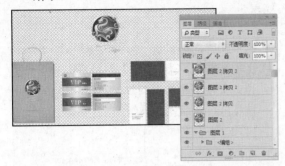

图12-35

08 将复制得到的"图层2拷贝3"移动到"VIP贵宾卡"背面,按快捷键【Ctrl+T】调出自由变换控制框,变换图像得到的效果如图12-36所示,按【Enter】键确认操作。

图12-36

09 复制"图层2拷贝3",将"图层2拷贝3"拖动至"图层"面板下方的"新建图层"按钮 上,得到"图层2拷贝4",如图12-37所示。

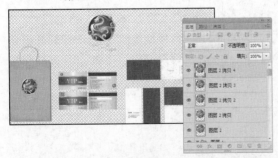

图12-37

10 将复制得到的"图层2拷贝4"移动到"VIP金卡"正面,按快捷键【Ctrl+T】调出自由变换控制框,变换图像得到的效果如图12-38所示,按Enter键确认操作。

图12-38

11 复制"图层2拷贝4",将"图层2拷贝4"拖动至图层面板下方的"新建图层"按钮 上,得到"图层2拷贝5",如图12-39所示。

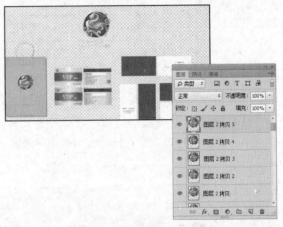

图12-39

12 将复制得到的"图层2拷贝5"移动到"VIP金卡"背面,按快捷键【Ctrl+T】调出自由变换控制框,变换图像得到的效果如图12-40所示,按【Enter】键确认操作。

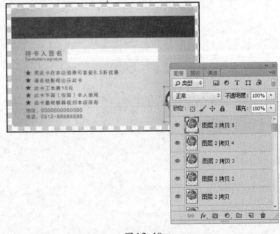

图12-40

13 复制"图层2拷贝5",将"图层2拷贝5"拖动至"图层"面板下方的"新建图层"按钮 上,得到"图层2拷贝6",如图12-41所示。

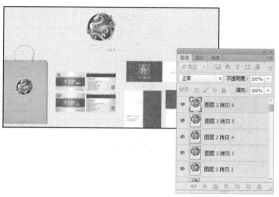

图12-41

14 将复制得到的"图层2拷贝6"移动到"名片"正面,按快捷键【Ctrl+T】调出自由变换控制框,变换图像得到的效果如图12-42所示,按【Enter】键确认操作。

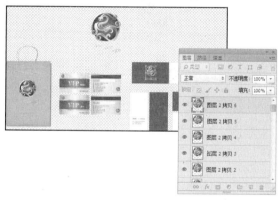

图12-42

15 复制"图层2拷贝6",将"图层2拷贝6"拖动至"图层"面板下方的"新建图层"按钮 上,得到"图层2拷贝7",如图12-43所示。

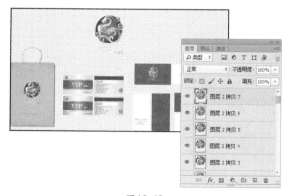

图12-43

16 将复制得到的"图层2拷贝7"移动到"名片"背面,按快捷键【Ctrl+T】调出自由变换控制框,变换图像得到的效果如图12-44所示,按【Enter】键确认操作。

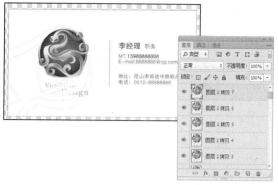

图12-44

17 复制"图层2拷贝7",将"图层2拷贝7"拖动至"图层"面板下方的"新建图层"按钮 上,得到"图层2拷贝8",如图12-45所示。

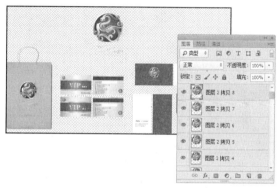

图12-45

18 将复制得到的"图层2拷贝8"移动到"台卡"正面,按快捷键【Ctrl+T】调出自由变换控制框,变换图像得到的效果如图12-46所示,按【Enter】键确认操作。

图12-46

19 复制"图层2拷贝8",将"图层2拷贝8"拖动至"图层"面板下方的"新建图层"按钮 上,得到"图层2拷贝9",如图12-47所示。

图12-47

20 将复制得到的"图层2拷贝9"移动到"台卡"背面，按快捷键【Ctrl+T】调出自由变换控制框，变换图像得到的效果如图12-48所示，按【Enter】键确认操作。

图12-48

21 重复复制图层，变换图像大小和移动位置，得到的效果如图12-49所示。

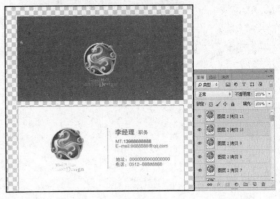

图12-49

22 最终效果如图12-50所示。

图12-50

12.4 课后练习

一、填空题

1．获取图像素材的方法有_____种，分别为_____。

2．打样分为_____种方法，分别为_____，其中_____在中国、日本等国家得到广泛的应用和认可，是提供合同样张的主要途径。_____快速、高效和直接数字转换的特点与印刷技术数字化和网络化的发展完全吻合，将成为21世纪最主要的打样方法。

二、问答题

1．图像设计过程中的印前准备工作有哪些？

2．介绍印前处理的工作流程。

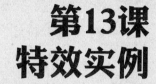

第13课
特效实例

本课主要是应用前面课的知识进行综合实例的制作，共分为两节。

第一节，文字底纹特效设计。

第二节，照片处理特效设计。将Photoshop CC的知识在具体的实例中进行综合应用，在巩固知识点的同时，学会一些特效设计的技法。

13.1 实例应用：

光盘
13/实例应用/岩石文字特效.PSD

「岩石文字特效」

实例目标

利用Photoshop绘制石文化效果，重点在于绘制出由石头组成的文字，这里为读者讲解石文化效果的详细制作方法。

技术分析

石文化效果的制作技法重点在于文字的处理，在通道中编辑图像，设置图层的混合模式、图层样式，以及图像的调整等功能。本例是个既简单又典型的范例，需要读者细心地绘制，反复实践，才可以成功绘制出石文化效果。

制作步骤

01 执行菜单"文件"/"新建"命令（或按【Ctrl+N】快捷键），设置弹出的"新建"命令对话框，单击"确定"按钮，即可创建一个新的空白文档，效果如图13-1所示。

02 执行"文件"/"打开"命令，在弹出的"打开"对话框中选择随书光盘中的"素材1"图像文件，此时的图像效果如图13-2所示。

图13-1

图13-2

03 使用"移动工具"，将"素材1"图像拖动到当前绘制的文件中，得到"图层 1"，按快捷键【Ctrl+T】，调出自由变换控制框，变换图像到如图13-3所示的状态，按【Enter】键确认操作。

图13-3

04 执行"文件"/"打开"命令，在弹出的"打开"对话框中选择随书光盘中的"素材 1"图像文件，此时的图像效果如图13-4所示。

图13-4

05 使用"移动工具"，将"素材2"图像拖动到当前绘制的文件中，得到"图层 2"，按快捷键【Ctrl+T】，调出自由变换控制框，变换图像到如图13-5所示的状态，按【Enter】键确认操作。

图13-5

06 单击"添加图层蒙版"按钮，为"图层2"添加图层蒙版，设置前景色为黑色，背景色为白色，使用"渐变工具"，设置渐变类型为从前景色到背景色，在图层蒙版中绘制渐变，此时图层蒙版中的状态如图13-6所示。

07 执行"文件"/"打开"命令，在弹出的"打开"对话框中选择随书光盘中的"素材 3"图像文件，此时的图像效果如图13-7所示。

图13-6

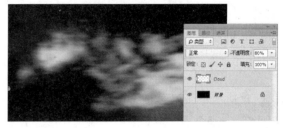

图13-7

08 使用"移动工具"，将"素材3"图像拖动到当前绘制的文件中，得到"图层 3"，按快捷键【Ctrl+T】，调出自由变换控制框，变换图像到如图13-8所示的状态，按【Enter】键确认操作。

图13-8

09 执行"文件"/"打开"命令，在弹出的"打开"对话框中选择随书光盘中的"素材 4"图像文件，此时的图像效果如图13-9所示。

图13-9

10 使用"移动工具" ，将"素材4"图像拖动到当前绘制的文件中，按快捷键【Ctrl+T】，调出自由变换控制框，变换图像到如图13-10所示的状态，按【Enter】键确认操作。

图13-10

11 单击"添加图层蒙版"按钮 ，为前一步导入的3个图层添加图层蒙版，设置前景色为黑色，使用"画笔工具" ，设置适当的画笔大小和透明度后，在图层蒙版中涂抹，将露出地平面不合理的图像擦除，其涂抹状态和"图层"面板如图13-11所示。

图13-11

12 单击"图层"面板下方的"创建新的填充或调整图层"按钮 ，在弹出的菜单中选择"渐变"命令，设置弹出对话框中的参数。在对话框中的编辑渐变颜色选择框中单击，可以弹出"渐变编辑器"对话框，在对话框中可以编辑渐变的颜色，单击"确定"按钮，图像效果如图13-12所示。

图13-12

13 在"图层"面板中设置"渐变填充 1"的图层混合模式为"叠加"，此时得到图像效果如图13-13所示。

图13-13

14 单击"添加图层蒙版"按钮 ，为"渐变填充 1"添加图层蒙版，设置前景色为黑色，使用"画笔工具" ，设置适当的画笔大小和透明度后，在图层蒙版中涂抹，将房子和树的部分颜色擦除，其涂抹状态和"图层"面板如图13-14所示。

图13-14

15 在"图层"面板中，用鼠标拖动"图层 2"图层到最上方，得到的图像效果如图13-15所示。

图13-15

16 单击"图层"面板下方的"创建新的填充或调整图层"按钮 ，在弹出的菜单中选择"曲线"命令，此时弹出"调整"面板，同时得到图层"曲线 1"，在"调整"面板中设置完"曲线"命令的参数后，关闭"调整"面板，此时的效果如图13-16所示。

图13-16

17 单击"添加图层蒙版"按钮◘，为"曲线1"添加图层蒙版，设置前景色为黑色，背景色为白色，使用"渐变工具"■，设置渐变类型为从前景色到背景色，在图层蒙版中从绘制渐变，此时图层蒙版中的状态如图13-17所示。

图13-17

18 执行"文件"/"打开"命令，在弹出的"打开"对话框中选择随书光盘中的"素材5"图像文件，此时的图像效果如图13-18所示。

图13-18

19 使用"移动工具"▶＋，将"素材5"图像拖动到当前绘制的文件中，得到"图层3"，按快捷键【Ctrl+T】，调出自由变换控制框，变换图像到如图13-19所示的状态，按【Enter】键确认操作。

图13-19

20 单击"添加图层蒙版"按钮◘，为"图层3"添加图层蒙版，设置前景色为黑色，使用"画笔工具"✎，设置适当的画笔大小和透明度后，在图层蒙版中涂抹，将不需要的部分擦除，其涂抹状态和"图层"面板如图13-20所示。

图13-20

21 设置前景色颜色值为黑色，在工具箱中选择"横排文字工具"T，设置适当的字体和字号，在图像中输入文字，得到相应的文字图层，如图13-21所示。

图13-21

22 按住【Ctrl】键，单击文字图层的缩览图，载入文字选区，图像效果如图13-22所示。

图13-22

23 切换到"通道"面板，单击面板底部的"创建新通道"按钮 ，新建一个通道"Alpha 1"，如图13-23所示。

图13-23

24 执行"滤镜"/"模糊"/"高斯模糊"命令，设置弹出对话框中的参数后，单击"确定"按钮，得到图像效果如图13-24所示。

图13-24

25 按快捷键【Ctrl+L】，执行"色阶"命令，弹出"色阶"对话框，在"色阶"对话框中设置参数，单击"确定"按钮，图像效果如图13-25所示。

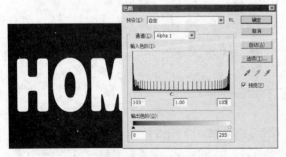

图13-25

26 在"通道"面板中，按住【Ctrl】键单击"Alpha 1"通道的缩览图，载入其选区，图像效果如图13-26所示。

27 切换到"图层"面板，单击"图层"面板底部的"创建新图层"按钮 ，新建"图层4"。设置前景色为黑色，按快捷键【Alt+Delete】为图层选区填充前景色，按

快捷键【Ctrl+D】，取消选区，如图13-27所示。

图13-26

图13-27

28 执行"文件"/"打开"命令，在弹出的"打开"对话框中选择随书光盘中的"素材 6"图像文件，此时的图像效果如图13-28所示。

图13-28

29 使用"移动工具" ，将"素材5"图像拖动到当前绘制的文件中，得到"图层5"，按快捷键【Ctrl+T】，调出自由变换控制框，变换图像到如图13-29所示的状态，按【Enter】键确认操作。

图13-29

30 选择"图层 5"为当前操作图层，按快捷组合键【Ctrl+Alt+G】，执行"创建剪贴蒙版"操作，将调整图层只作用于"图层 4"中的图像，如图13-30所示。

图13-30

31 单击"添加图层蒙版"按钮，为"图层4"添加图层蒙版，设置前景色为黑色，使用"画笔工具"，设置适当的画笔大小和透明度后，在图层蒙版中涂抹，其涂抹状态和"图层"面板如图13-31所示。

图13-31

32 涂抹完毕后，显示全部图像查看涂抹后的效果，文字好似石头垒成的一半，图像效果如图13-32所示。

图13-32

33 单击"图层"面板下方的"创建新的填充或调整图层"按钮，在弹出的菜单中选择"亮度/对比度"命令，此时弹出"调整"面板，同时得到图层"亮度/对比度 1"，在"调整"面板中，单击"调整"面板下方的按钮，将调整影响剪切到下方的图层，设置

完"亮度/对比度"命令的参数后，图像效果如图13-33所示。

图13-33

34 单击"图层"面板下方的"创建新的填充或调整图层"按钮，在弹出的菜单中选择"色相/饱和度"命令，此时弹出"调整"面板，同时得到图层"色相/饱和度1"，在"调整"面板中，单击"调整"面板下方的按钮，将调整影响剪切到下方的图层，设置完"色相/饱和度"命令的参数后，图像效果如图13-34所示。

图13-34

35 单击"图层"面板下方的"创建新的填充或调整图层"按钮，在弹出的菜单中选择"曲线"命令，此时弹出"调整"面板，同时得到图层"曲线 2"，在"调整"面板中，单击下方的按钮，将调整影响剪切到下方的图层，设置完"曲线"命令的参数后，关闭"调整"面板，此时的效果为调整局部影调后的效果，如图13-35所示。

图13-35

36 单击"图层"面板底部的"创建新图层"按钮，新建"图层6"。按快捷组合键【Ctrl+Alt+G】，创建"创建剪贴蒙版"，

将前景色设置为黑色，在工具箱中选择"画笔工具"，调整画笔大小，在新建图层中涂抹效果，如下图13-36所示。

图13-36

37 在"图层"面板中设置"图层 6"的图层混合模式为"叠加"，图像效果如图13-37所示。

图13-37

38 单击"图层"面板底部的"创建新图层"按钮，新建"图层7"。按快捷组合键【Ctrl+Alt+G】，创建"创建剪贴蒙版"，将前景色设置为白色，在工具箱中选择"画笔工具"，调整画笔的大小在新建图层中涂抹效果，如图13-38所示。

图13-38

39 在"图层"面板中设置"图层 6"的混合模式为"叠加"，图像效果如图13-39所示。

40 按住【Ctrl】键，单击"图层 4"缩览图，载入其选区，图像如图13-40所示。

图13-39

图13-40

41 按快捷键【Shift+F6】羽化选区，在弹出的"羽化选区"对话框中设置"羽化半径"为"7"像素，单击"确定"按钮，图像效果如图13-41所示。

图13-41

42 执行菜单"选择"/"修改"/"收缩"命令，在弹出的"收缩选区"对话框中设置收缩量为"7"像素，单击"确定"按钮，图像效果如图13-42所示。

图13-42

43 按快捷组合键【Ctrl+Shift+I】，执行"反选选区"操作，图像效果如图13-43所示。

图13-43

44 单击"图层"面板底部的"创建新图层"按钮 ▣，新建"图层 8"。设置前景色为白色，按快捷键【Alt+Delete】为图层填充前景色，按快捷键【Ctrl+Alt+G】，执行"创建剪贴蒙版"操作，将调整图层只作用于"图层 1"中的图像，如图13-44所示。

图13-44

45 在"图层"面板中设置"图层 8"的图层混合模式为"叠加"，设置"图层 8"的"不透明度"为"90%"，如图13-45所示。

图13-45

46 将图层中图像向右下角移动，图像效果如图13-46所示。

图13-46

47 单击"添加图层蒙版"按钮 ▣，为"图层4"添加图层蒙版，设置前景色为黑色，使用"画笔工具" ✎，设置适当的画笔大小和透明度后，在图层蒙版中涂抹，将不需要的部分擦除，其涂抹状态和"图层"面板如图13-47所示。

图13-47

48 单击"图层"面板底部的"创建新图层"按钮 ▣，新建"图层9"。前景色设置为黑色，在工具箱中选择"画笔工具" ✎，调整画笔大小，在新建图层中涂抹效果，如图13-48所示。

图13-48

49 在"图层"面板中，按住【Shift】键选择所有有关石头做法的图层，图像效果如图13-49所示。

图13-49

50 在工具箱中选择"多边形套索工具",单击鼠标沿着地面的坡度绘制选区,选区位置形状如图13-50所示。

图13-50

51 单击"添加图层蒙版"按钮 ▢,为"组1"添加图层蒙版,得到的图像效果如图13-51所示。

图13-51

52 按住【Ctrl】键,单击"Tree2"图层缩览图,得到该图像选区,继续按住【Shift】键,单击"Tree1"图层和"home"图层,加选选区,如图13-52所示。

图13-52

53 选择完毕后,设置前景色为"黑色",在"组1"的图层蒙版中按快捷键【Alt+Delete】,为"组1"的图层蒙版填充前景色,图像效果如图13-53所示。

54 执行"文件"/"打开"命令,在弹出的"打开"对话框中选择随书光盘中的"素

材6"图像文件,此时的图像效果和"图层"面板如图13-54所示。

图13-53

图13-54

55 使用"移动工具" ▸+,,将"素材6"图像拖动到当前绘制的文件中,按快捷键【Ctrl+T】,调出自由变换控制框,变换图像到如图13-55所示的状态,按【Enter】键确认操作。

图13-55

56 绘制到此,图像效果已经完成,图像靓丽有新意,图像的最终效果如图13-56所示。

图13-56

13.2 实例应用：

「神奇的透明玻璃瓶视觉特效」

光盘
13/实例应用/神奇的透明玻璃瓶视觉特效.PSD

实例目标

利用Photoshop绘制神奇透明玻璃瓶视觉特效，重点在于绘制玻璃瓶，这里为读者讲解神奇的透明玻璃瓶视觉特效的详细制作方法。

技术分析

透明玻璃的制作技法重点在于玻璃瓶的处理，利用蒙版、创建剪贴蒙版效、素材的拼放整理和背景的制作等技术绘制神奇的透明玻璃瓶视觉特效。

制作步骤

---

01 新建文档。执行"文件"/"新建"命令（或按【Ctrl+N】快捷键），设置弹出的"新建"命令对话框，如图13-57所示，单击"确定"按钮，即可创建一个新的空白文档。

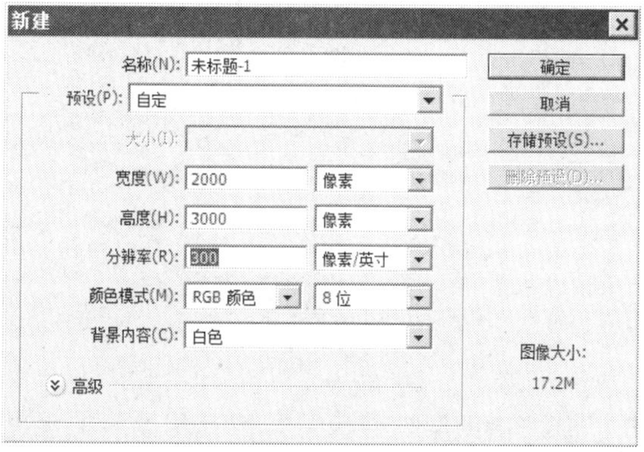

02 设置前景色为黄色，色值为（R：196，G：178，B：106），按【Alt+Delete】快捷键对"背景"图层进行填充，其效果如图13-58所示。

图13-57

图13-58

03 打开配套光盘中的"素材1"文件，将其拖
入到新建文件中，得到"图层1"，效果如
图13-59所示。

图13-59

04 选中"图层1"，设置图层的混合模式为
"明度"，不透明度为"35%"，此时的图
像效果和"图层"面板如图13-60所示。

图13-60

05 选中"背景"图层，按快捷键【Ctrl+J】
复制"背景"图层，得到"图层2"，将
"图层2"移动至"图层1"上方。选择
"滤镜"/"杂色"/"添加杂色"命令，设
置图层混合模式为"浅色"，不透明度为
"35%"，参数和图像效果如图13-61所示。

图13-61

06 打开随书配套光盘中的"素材2"文件，将其
拖入到新建文件中，得到"图层3"，按快捷
键【Ctrl+T】调整位置和大小后，按【Enter】
键确定，得到的效果如图13-62所示。

图13-62

07 选中"图层3"，设置不透明度为
"58%"，单击"图层"面板下方"添加图
层蒙版"按钮 ，为"图层3"添加图层
蒙版，使用"渐变工具"设置前景色为黑
色、背景色为白色，在图层蒙版中从下往
上绘制渐变，得到的图层蒙版中的状态如
图13-63所示。

图13-63

08 单击"图层"面板下方的"创建新的填充或
调整图层"按钮 ，弹出对话框，选择"色
彩平衡"命令，得到"色彩平衡1"，按快捷组
合键【Ctrl+Alt+G】执行"创建剪贴蒙版"
操作，设置参数和图层效果如图13-64所示。

图13-64

09 单击"图层"面板下方的"创建新的填充
或调整图层"按钮 ，弹出对话框，选择

"选取颜色"，得到"选取颜色1"，设置参数和图层效果如图13-65所示。

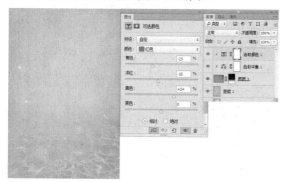

图13-65

10 新建图层，得到"图层4"，设置画笔、透明度涂抹画面的下方，设置图层混合模式为"变暗"，透明度为"39%"，涂抹效果与图层效果如图13-66所示。

图13-66

11 打开随书素材"酒瓶.psd"，拖到新建文件中，得到"图层7"、"图层8"、"图层9"，单击"图层"面板下方的"添加图层蒙版"按钮 ，对"图层7"和"图层9"蒙版进行制作，设置"图层7"的透明度为"35%"，"图层9"的透明度为"48%"，图层效果如图13-67所示。

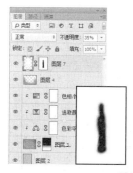

图13-67

12 打开随书素材"素材4.psd"，拖到新建文件中，得到"图层13"，调整到瓶内中央，设置图层透明度为"60%"，图层效果如图13-68所示。

图13-68

13 新建图层，得到"图层14"，选择"画笔工具"对花瓣进行上色，设置透明度为"67%"，图层效果如图13-69所示。

图13-69

14 打开随书素材"素材5"，拖至新建文件中得到"图层22"，按快捷键【Ctrl+T】对素材进行调整，确认按【Enter】键，移动到酒瓶边，并且"添加图层蒙版"进行绘制，图层效果如图13-70所示。

图13-70

15 单击"图层"面板下方的"创建新的填充或调整图层"按钮 ，弹出对话框，选择"曲线"，得到"曲线1"图层，按快捷组合键【Alt+Ctrl+G】执行"创建剪贴蒙版"
操作，设置参数与效果图如图13-71所示。

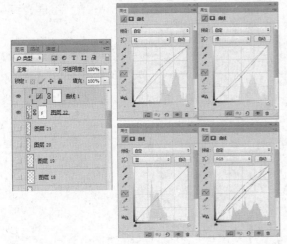

图13-71

16 选择图层"曲线1"和"图层22"，按快捷
键【Ctrl+E】盖印合并图层得到"曲线（合
并）"，并拖入面板下方的"新建图层"
按钮，复制图层，得到"曲线（合并）副
本"图层，使用"画笔工具"在图层蒙版
中涂抹，擦除需要的部分，效果如图13-72
所示。

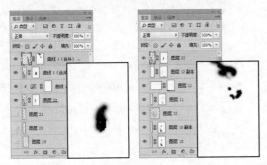

图13-72

17 打开随书素材"素材6"，拖到新建文件
中，得到"图层23"，按快捷键【Ctrl+T】
对素材进行调整，确认按【Enter】键，移
动到酒瓶边，并按快捷键【Ctrl+J】复制得
到"图层23副本"，单击"创建新的填充
或调整图层"按钮，弹出对话框，选择
"曲线"命令，得到"曲线2"，按快捷
组合键【Alt+Ctrl+G】执行"创建剪贴蒙
版"命令，设置参数和图层效果如图13-73
所示。

图13-73

18 选中"图层23"、"曲线2"，按快捷键
【Ctrl+E】合并图层，得到"曲线2（合
并）"，图层效果如图13-74所示。

图13-74

19 打开随书素材"素材8"，拖到新建文件中，
得到"图层24"，单击"添加图层蒙版"按钮
，选择"画笔工具"设置画笔，涂抹隐
藏不需要的部分，图层效果如图13-75所示。

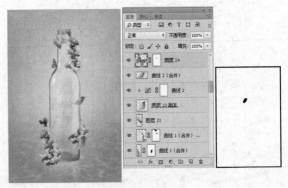

图13-75

20 复制"图层24"，得到"图层24副本"，设
置图层混合模式为"叠加"，位置不变，
图层效果如图13-76所示。

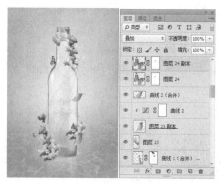

图13-76

21 打开随书素材"素材7",拖到新建文件中,得到"图层25",放置到合适的位置,图层效果如图13-77所示。

图13-77

22 打开随书素材"素材9",拖入新建文件中,得到"图层26",复制"图层26"三次,得到"图层27"、"图层27副本"、"图层27副本2",按快捷键【Ctrl+T】调整方向和大小,按【Enter】键确认,按快捷键【Ctrl+J】复制"图层27副本"、"图层27

副本2",单击"添加图层蒙版"按钮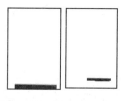,隐藏不需要部分,图层效果如图13-78所示。

图13-78

23 打开随书素材"素材10"、"素材11",拖入新建文件中,得到"图层28",放置到合适位置,复制"图层28",得到"图层28副本",单击"添加图层蒙版"按钮,使用"画笔工具",隐藏不需要的部分,继续使用"画笔工具"绘制装饰制作最终效果,神奇的透明玻璃瓶效果图如图13-79所示。

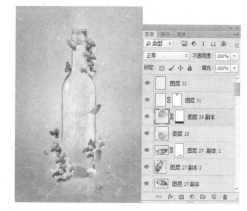

图13-79

13.3 实例应用:

[MP3 广告特效设计]

光盘
13/实例应用/MP3广告特效设计.PSD

实例目标

本广告实例使用了"钢笔工具"、"画笔工具"、"渐变工具"、"文字工具"等多种工具和"载入画笔"、"图层蒙版"、"图层样式"、"图层剪切蒙版"等多种操作命令完成了画面的整体效果。

技术分析

　　此广告以舞动的人物为主要形象，通过烟雾的衬托使画面产生神秘的感觉，本案例的效果处理重点在烟雾的绘制上，使画面有了神秘的气息，配以一些律动的音符和渐变的文字效果，使画面的内容更加丰富，气氛更加活跃。

制作步骤

01 新建文档。执行菜单"文件"/"新建"命令（或按【Ctrl+N】快捷键），设置弹出的"新建"命令对话框，如图13-80所示，单击"确定"按钮，即可创建一个新的空白文档。

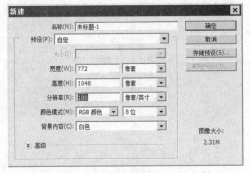

图13-80

02 设置前景色为（R：183，G：183，B：183），按快捷键【Alt+Delete】对"背景"图层进行填充，其效果如图13-81所示。

图13-81

03 新建图层，生成"图层1"，使用"矩形选框工具" ，在画面下方绘制一个长方形选区，如图13-82所示。

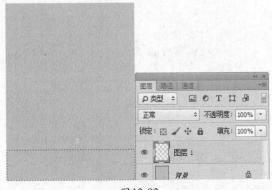

图13-82

04 按【Shift+F6】快捷键，在弹出的"羽化"对话框中进行下图所示的设置后，单击"确定"按钮，设置前景色为黑色，按快捷键【Alt+Delete】对选区进行填充，得到如图13-83所示的状态，然后按【Ctrl+D】快捷键，取消选区。

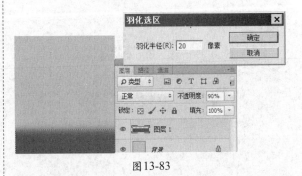

图13-83

05 单击"添加图层蒙版"按钮 ，为"图层3"添加图层蒙版，设置前景色为黑色，使用"画笔工具" ，设置适当的画笔大小和透明度后，在图层蒙版中涂抹，其涂抹状态和"图层"面板如图13-84所示。

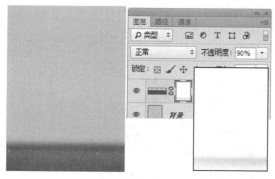

图13-84

06 打开配套光盘中的"素材1"文件,是一个黑色的MP4的素材图片,其图片如图13-85所示。

图13-85

07 使用"移动工具" ，将图像拖动到第一步新建的文件中,生成"图层2",按快捷键【Ctrl+T】,调出自由变换控制框,缩小选框得到如图13-85所示的状态,按【Enter】键确认操作。

图13-86

08 打开配套光盘中的"素材2"文件,是一个跳舞的人物的素材图片,如图13-87所示。

09 使用"移动工具" ，将图像拖动到第一步新建的文件中,生成"图层3",按快捷键【Ctrl+T】,调出自由变换控制框,缩小选

框得到如图13-88所示的状态,按【Enter】键确认操作。

图13-87

图13-88

10 单击"添加图层蒙版"按钮 ，为"图层3"添加图层蒙版,设置前景色为黑色,使用"画笔工具" ，设置适当的画笔大小和透明度后,在图层蒙版中涂抹,其涂抹状态和"图层"面板如图13-89所示。

图13-89

11 选择"画笔工具" ，单击工具选项栏上的"画笔预设"选取器面板右边的按钮,在弹出的菜单中选择"载入画笔"命令,然后打开随书光盘的"素材3"画笔,在"画笔预设"面板中选择图中的画笔,如图13-90所示。

图13-90

图13-93

12 新建图层生成"图层4"，设置前景色为黑色，选择"画笔工具" ，设置适当的画笔大小和透明度后，在"图层4"上进行绘制，其绘制状态和"图层"面板如图13-91所示。

15 单击"添加图层蒙版"按钮 ，为"图层5"添加图层蒙版，设置前景色为黑色，使用"画笔工具" ，设置适当的画笔大小和透明度后，在图层蒙版中涂抹，其涂抹状态和"图层"面板如图13-94所示。

图13-91

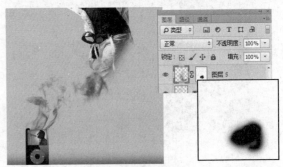

图13-94

13 按快捷键【Ctrl+T】，调出自由变换控制框，对图像进行"变形"，然后将图像调整到如图13-92所示的状态，按【Enter】键确认操作。

16 设置前景色为黑色，新建图层，生成"图层6"，选择"画笔工具" ，在"画笔预设"选取器面板中选择图中的画笔，设置适当的画笔大小和透明度后，在画面上绘制，其绘制状态和"图层"面板如图13-95所示。

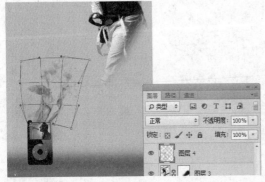

图13-92

14 设置前景色为黑色，新建图层，生成"图层5"，选择"画笔工具" ，在"画笔预设"选取器面板中选择图中的画笔，设置适当的画笔大小和透明度后，在画面上绘制，其绘制状态和"图层"面板如图13-93所示。

图13-95

17 单击"添加图层蒙版"按钮 ，为"图层

6"添加图层蒙版,设置前景色为黑色,使用"画笔工具"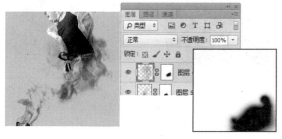,设置适当的画笔大小和透明度后,在图层蒙版中涂抹,其涂抹状态和"图层"面板如图13-96所示。

图13-96

18 设置前景色为黑色,新建图层,生成"图层7",选择"画笔工具",在"画笔预设"选取器面板中选择图中的画笔,设置适当的画笔大小和透明度后,在画面上绘制,其绘制状态和"图层"面板如图13-97所示。

图13-97

19 单击"添加图层蒙版"按钮,为"图层7"添加图层蒙版,设置前景色为黑色,使用"画笔工具",设置适当的画笔大小和透明度后,在图层蒙版中涂抹,其涂抹状态和"图层"面板如图13-98所示。

图13-98

20 设置前景色为黑色,新建图层,生成"图层8",选择"画笔工具",在"画笔预设"选取器面板中选择如图的画笔,设置适当的画笔大小和透明度后在画面上绘制,其绘制状态和"图层"面板如图13-99所示。

图13-99

21 单击"添加图层蒙版"按钮,为"图层8"添加图层蒙版,设置前景色为黑色,使用"画笔工具",设置适当的画笔大小和透明度后,在图层蒙版中涂抹,其涂抹状态和"图层"面板如图13-100所示。

图13-100

22 设置前景色为黑色,新建图层,生成"图层8",选择"画笔工具",在"画笔预设"选取器面板中选择图中的画笔,设置适当的画笔大小和透明度后,在画面上绘制,其绘制状态和"图层"面板如图13-101所示。

23 单击"添加图层蒙版"按钮,为"图层8"添加图层蒙版,设置前景色为黑色,使用"画笔工具",设置适当的画笔大小和透明度后,在图层蒙版中涂抹,其涂抹状态和"图层"面板如图13-102所示。

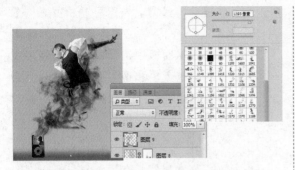

图13-101

图13-102

24 单击工具选项栏中的"渐变工具" ▅，再单
击操作面板左上角的"渐变工具条"，设置
弹出的"渐变编辑器"，单击"确定"按
钮，使"图层1"呈操作状态，新建图层，生
成"图层10"，选择"径向渐变工具" ▅，
从画面中心拖动鼠标，得到如图13-103所示
的效果。

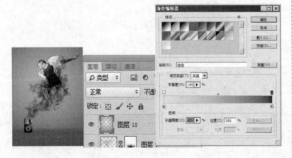

图13-103

25 单击"添加图层蒙版"按钮 ▣，为"图层
8"添加图层蒙版，设置前景色为黑色，使
用"画笔工具" ✎，设置适当的画笔大小
和透明度后，在图层蒙版中涂抹，其涂抹
状态和"图层"面板如图13-104所示。

26 新建图层，生成"图层11"，使用"多边形
套索工具" ▨，在烟雾阴影的地方绘制不
规则选区，其状态如图13-105所示。

图13-104

图13-105

27 按【Shift+F6】快捷键，在弹出的"羽
化"对话框中进行设置后，单击"确定"
按钮，设置前景色为黑色，按快捷键
【Alt+Delete】对选区进行填充，得到如图
13-106所示的状态，然后按【Ctrl+D】快捷
键，取消选区。

图13-106

28 在"图层"面板的顶部，设置"图层11"的
不透明度为80%，其效果如图13-107所示。

图13-107

29 按住【Ctrl】键，单击"图层 2"的图层缩览图以载入选区，新建图层，生成"图层12"，得到如图13-108所示的状态。

图13-108

30 按【Shift+F6】快捷键，在弹出的"羽化"对话框中进行设置后，单击"确定"按钮，设置前景色为黑色，按快捷键【Alt+Delete】对选区进行填充，得到如图13-109所示的状态，然后按【Ctrl+D】快捷键，取消选区。

图13-109

31 拖动"图层12"到"图层"面板底部的"创建新图层"按钮，对图层进行复制操作，得到"图层12副本"，使用"移动工具"，将阴影向下移动到如图13-110所示的位置。

图13-110

32 单击"添加图层蒙版"按钮，为"图层12 副本"添加图层蒙版，使用"渐变工具"，选择由黑到白的渐变，在图层中在倒影处从下到上拖动，其渐变填充状态和"图层"面板如图13-111所示。

图13-111

33 新建图层，生成"图层13"，选择"钢笔工具"，在工具选项栏中单击"路径"按钮，按住【Shift】键，在画面中间绘制一条路径，如图13-112所示。

图13-112

34 设置前景色为（R：106，G：106，B：106），选择"画笔工具"，在工具选项栏的"画笔"面板中进行设置，选择"钢笔工具"，在路径上单击鼠标右键，在弹出的菜单中选择"描边路径"命令，在"画笔描边"选项上勾选"模拟压力"，单击"确定"按钮，得到如图13-113所示的效果。

图13-113

35 按【Ctrl+Alt+T】快捷键，进行复制变换操作，调出自由变换选框，向下位移旋转选框到如图13-114所示的位置，得到"图层13副本"，然后按【Enter】键确认操作。

图13-114

36 按【Ctrl+Alt+Shift+T】快捷组合键数次，执行"重复变换"操作，得到如图13-115所示的样式。

图13-115

37 选中"图层13 副本44"，按住【Shift】键单击"图层13"，已将其中间的图层都选中，按【Ctrl+E】快捷键执行"合并图层"的操作，得到"图层13 副本44"，其"图层"面板的状态如图13-116所示。

图13-116

38 在"图层"面板的顶部，设置"图层13副本44"的不透明度为48%，其效果如图13-117所示。

图13-117

39 按【Ctrl+Alt+T】快捷组合键，进行复制变换操作，调出自由变换选框，在选框中单击右键，在弹出的菜单中选择"垂直翻转"命令，向上移动选框到如图13-118所示的位置，得到"图层13副本45"，然后按【Enter】键确认操作。

图13-118

40 使"图层9"呈操作状态，打开配套光盘中的"素材4"文件，是一个律动的音符的素材图片，如图13-119所示。

图13-119

41 使用"移动工具"，将图像拖动到第一步新建的文件中，生成"图层13"，按快捷键【Ctrl+T】，调出自由变换控制框，缩小旋转选框得到如图13-120所示的状态，按【Enter】键确认操作。

图13-120

42 在"图层"面板的顶部,设置"图层13"的混合模式为"柔光",不透明度为60%,其效果如图13-121所示。

图13-121

43 单击"添加图层蒙版"按钮◻,为"图层13"添加图层蒙版,设置前景色为黑色,使用"画笔工具"✎,设置适当的画笔大小和透明度后,在图层蒙版中涂抹,其涂抹状态和"图层"面板如图13-122所示。

图13-122

44 打开配套光盘中的"素材5"文件,是一个律动的音符的素材图片,其图片如图13-123所示。

45 使用"移动工具"▸╈,将图像拖动到第一步新建的文件中,生成"图层14",按快捷键【Ctrl+T】,调出自由变换控制框,缩小选框得到如图13-124所示的状态,按【Enter】键确认操作。

图13-123

图13-124

46 在"图层"面板的顶部,设置"图层14"的混合模式为"柔光",不透明度为90%,其效果如图13-125所示。

图13-125

47 单击"添加图层蒙版"按钮◻,为"图层14"添加图层蒙版,设置前景色为黑色,使用"画笔工具"✎,设置适当的画笔大小和透明度后,在图层蒙版中涂抹,其涂抹状态和"图层"面板如图13-126所示。

图13-126

48 打开配套光盘中的"素材6"文件,是一个穿衬衫的男人的素材图片,如图13-127所示。

图13-127

49 使用"移动工具" ，将图像拖动到第一步新建的文件中，生成"图层15"，按快捷键【Ctrl+T】，调出自由变换控制框，缩小选框得到如图13-128所示的状态，按【Enter】键确认操作。

图13-128

50 执行菜单栏的"图像" / "调整" / "去色"命令，使图像变为黑白色的，如图13-129所示。

图13-129

51 单击"添加图层蒙版"按钮 ，为"图层15"添加图层蒙版，设置前景色为黑色，使用"画笔工具" ，设置适当的画笔大小和透明度后，在图层蒙版中涂抹，其涂抹状态和"图层"面板如图13-130所示。

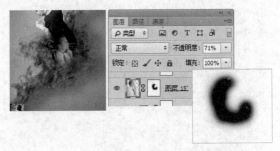

图13-130

52 单击"图层"面板下方的"创建新的填充或调整图层"按钮 ，在弹出的菜单中选择"曲线"命令，设置弹出的对话框后，得到"曲线1"图层，按快捷组合键【Ctrl+Alt+G】执行"创建剪切蒙版"操作，可以得到如图13-131所示的效果。

图13-131

53 使"图层14"呈操作状态，打开配套光盘中的"素材7"文件，是一个穿衬衫的男人的素材图片，如图13-132所示。

图13-132

54 使用"移动工具" ，将图像拖动到第一步新建的文件中，生成"图层16"，按快捷键【Ctrl+T】，调出自由变换控制框，缩小选框得到如图13-133所示的状态，按【Enter】键确认操作。

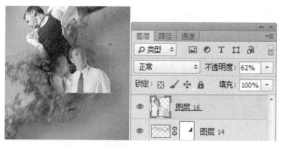

图13-133

55 执行菜单栏的"图像"/"调整"/"去色"命令，使图像变为黑白色的，如图13-134所示。

图13-134

56 单击"添加图层蒙版"按钮 ，为"图层16"添加图层蒙版，设置前景色为黑色，使用"画笔工具" ，设置适当的画笔大小和透明度后，在图层蒙版中涂抹，其涂抹状态和"图层"面板如图13-135所示。

图13-135

57 单击"图层"面板下方的"创建新的填充或调整图层"按钮 ，在弹出的菜单中选择"曲线"命令，设置弹出的对话框后，得到"曲线2"图层，按快捷组合键【Ctrl+Alt+G】执行"创建剪切蒙版"操作，可以得到如图13-136所示的效果。

58 使"曲线1"呈操作状态，打开配套光盘中

的"素材8"文件，是一个白色的墨点的素材图片，如图13-137所示。

图13-136

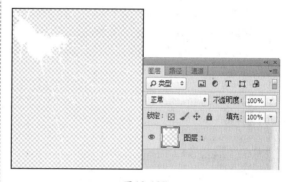

图13-137

59 使用"移动工具" ，将图像拖动到第一步新建的文件中，生成"图层17"，按快捷键【Ctrl+T】，调出自由变换控制框，缩小旋转选框得到如图13-138所示的状态，按【Enter】键确认操作。

图13-138

60 单击"图层"面板顶部的"锁定透明像素"按钮 ，再单击工具选项栏中的"渐变工具" ，再单击操作面板左上角的"渐变工具条"，设置弹出的"渐变编辑器"，单击"确定"按钮，选择选择"线性渐变" ，

在墨点上从左到右拖动鼠标，得到如图13-139所示的效果。

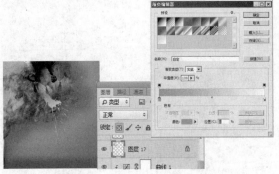

图13-139

61 新建图层，生成"图层18"，选择"画笔工具" ✎ ，在"画笔预设"选取器面板中选择图中的画笔，设置适当的画笔大小和透明度后在画面上绘制，其绘制状态和"图层"面板如图13-140所示。

13-140

62 在"图层"面板的顶部，设置"图层18"的不透明度为86%，其效果如图13-141所示。

13-141

63 选择"画笔工具" ✎ ，按【F5】键调出"画笔"面板，设置"画笔"面板如图13-142所示。

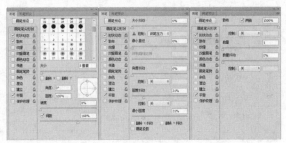

图13-142

64 新建图层，生成"图层19"，调整好适当的画笔大小和透明度，在如图13-143所示的位置进行绘制。

图13-143

65 在"图层"面板的顶部，设置"图层19"的不透明度为56%，其效果如图13-144所示。

图13-144

66 新建图层，生成"图层20"，选择"画笔工具" ✎ ，调整好适当的画笔大小和透明度，在如图13-145所示的位置进行绘制，然后设置"图层20"的不透明度为93%。

67 设置前景色颜色值为白色，使用"横排文字工具" T ，设置适当的字体和字号，输入文字，得到相应的文字图层，如图13-146所示。

图13-145

图13-146

68 按住【Ctrl】键单击两个文字图层，已将其选中，按【Ctrl+E】键执行"合并图层"的操作，得到"YOUR MUSIC"，其"图层"面板的状态如图13-147所示。

图13-147

69 使用"多边形套索工具" ，在"P"字母上绘制不规则选区，然后按住【Shift】键继续绘制其他的选区，其最终状态如图13-148所示。

图13-148

70 设置前景色为白色，按快捷键【Alt+Delete】对选区进行填充，得到如图13-149所示的状态，然后按【Ctrl+D】快捷键，取消选区。

图13-149

71 单击"图层"面板顶部的"锁定透明像素"按钮 ，再选择工具栏中的"渐变工具" ，再单击操作面板左上角的"渐变工具栏"，设置弹出"渐变编辑器"后，单击"确定"按钮，选择选择"线性渐变" ，在墨点上从左上到右下拖动鼠标，得到如图13-150所示的效果。

图13-150

72 设置前景色颜色值为黑色，使用"横排文字工具" ，设置适当的字体和字号，输入文字，得到相应的文字图层，如图13-151所示。

图13-151

73 打开配套光盘中的"素材9"文件，是一个银灰色的标志的素材图片，如图13-152所示。

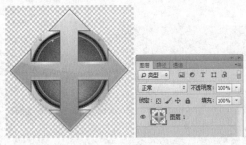

图13-152

74 使用"移动工具" ，将图像拖动到第一步新建的文件中，生成"图层21"，按快捷键【Ctrl+T】，调出自由变换控制框，缩小选框得到如图13-153所示的状态，按【Enter】键确认操作。

图13-153

75 设置前景色颜色值为黑色，使用"横排文字工具" ，设置适当的字体和字号，输入文字，得到相应的文字图层，如图13-154所示。

图13-154

76 进行过以上步骤的操作后，得到这张图的最后效果，如图13-155所示。

图13-155

13.4 实例应用：

「"NAKRA"科技产品品牌宣传广告」

● 光盘
13/实例应用/"NAKRA"科技产品品牌宣传广告.PSD

实例目标

本广告实例使用了"钢笔工具"、"画笔工具"、"渐变工具"、"文字工具"等多种工具和"图层样式"、"图层剪切蒙版"等多种操作命令，从而完成了画面的整体效果。

技术分析

此广告以黑白色调为主要方向，通过蒙版的运用使画面有了神秘的气息，配以一些律动的科技化的线条和文字效果，使画面的内容更加丰富，气氛更加活跃。

制作步骤

01 执行菜单"文件"/"新建"命令（或按
【Ctrl+N】快捷键），设置弹出的"新建"
命令对话框，单击"确定"按钮，即可创
建一个新的空白文档，如图13-156所示。

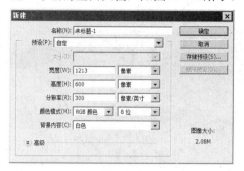

图13-156

02 打开随书光盘中的"素材1"文件，使用"移
动工具" ，将其拖动到第一步新建的文件
中，得到"图层1"，按快捷键【Ctrl+T】，
跳出自由变换控制框，得到如图13-157所示效
果，按【Enter】键确认操作。

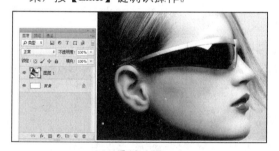

图13-157

03 单击"添加图层蒙版"按钮 ，为"图层1"添
加蒙版，隐藏不需要的部分，如图13-158所示。

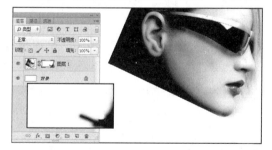

图13-158

04 选择"图层1"，单击"图层"面板下方的
"添加新的填充或调整图层"按钮 ，在
弹出菜单中选择"黑白"命令，设置参数后
的效果如图13-159所示。

05 继续单击"图层"面板下方的"添加新的填
充或调整图层"按钮 ，在弹出菜单中选
择"渐变映射"命令，设置参数后的效果

如图13-160所示。

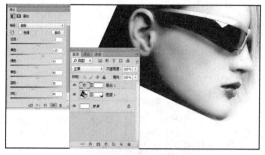

图13-159

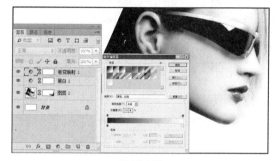

图13-160

06 选择"黑白"图层和"渐变映射"图层，按
快捷组合键【Alt+Ctrl+G】，执行"创建剪
贴蒙版"操作，效果如图13-161所示。

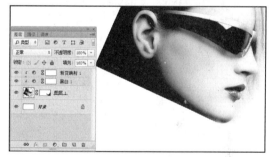

图13-161

07 新建图层，得到"图层2"，按【Ctrl】键选
中"图层1"，按快捷键【Ctrl+I】"反相选
择"，出现选区，设置前景色为黑色，按
快捷键【Alt+Delete】填充颜色，效果如图
13-162所示。

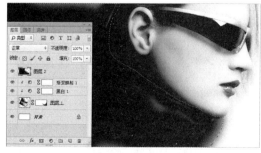

图13-162

08 打开随书光盘中的"素材2"文件，使用"移动工具" ，将其拖动到第一步新建的文件中，得到"图层3"，按快捷键【Ctrl+T】，跳出自由变换控制框，得到如图13-163所示的效果，按【Enter】键确认操作。

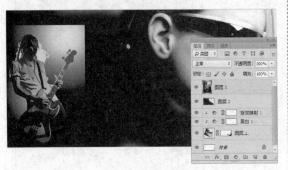

图13-163

09 单击"添加图层蒙版"按钮 ，为"图层3"添加蒙版，隐藏不需要的部分。

图13-164

10 单击"图层"面板下方的"添加新的填充或调整图层"按钮 ，在弹出菜单中选择"渐变映射"命令，得到"渐变映射2"，按快捷组合键【Alt+Ctrl+G】创建剪贴蒙版，设置参数后的效果如图13-165所示。

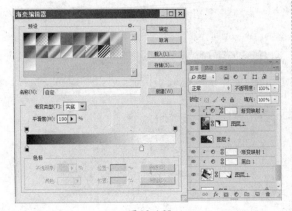

图13-165

11 打开随书光盘中的"素材3"文件，使用"移动工具" ，将其拖动到第一步新建的文件中，得到"图层4"，按快捷键【Ctrl+T】，调出自由变换控制框，得到如图13-166所示效果，按【Enter】键确认操作。

图13-166

12 单击"图层"面板下方的"添加新的填充或调整图层"按钮 ，在弹出菜单中选择"渐变映射"命令，得到"渐变映射3"，按快捷组合键【Alt+Ctrl+G】创建剪贴蒙版，设置参数后的效果如图13-167所示。

图13-167

13 打开随书光盘中的"素材4"文件，使用"移动工具" ，将其拖动到第一步新建的文件中，得到"图层5"，按快捷键【Ctrl+T】，调出自由变换控制框，得到如图13-168所示的效果，按【Enter】键确认操作。

图13-168

14 单击"图层"面板下方的"添加新的填充或调整图层"按钮 ，在弹出菜单中选择"渐变映射"命令，得到"渐变映射3"，按快捷组合键【Alt+Ctrl+G】创建剪贴蒙版，设置参数后的效果如图13-169所示。

15 打开随书光盘中的"素材5"文件，使用"移动工具" ，将其拖动到第一步新建的文件中，得到"图层8"至"图层16"，按快捷键【Ctrl+T】，调出自由变换控制框，得到如图13-170所示效果，按【Enter】键确认操作。

图13-169

图13-170

16 设置前背景色色值为（R：0，G：95，B：174），使用"钢笔工具" ，绘制多边形得到"形状1"图层，效果如图13-171所示。

17 使用"横排文字工具" ，设置适当的颜色、字体和字号，在画面上输入文字，得到相应的文字图层，效果如图13-172所示。

图13-171

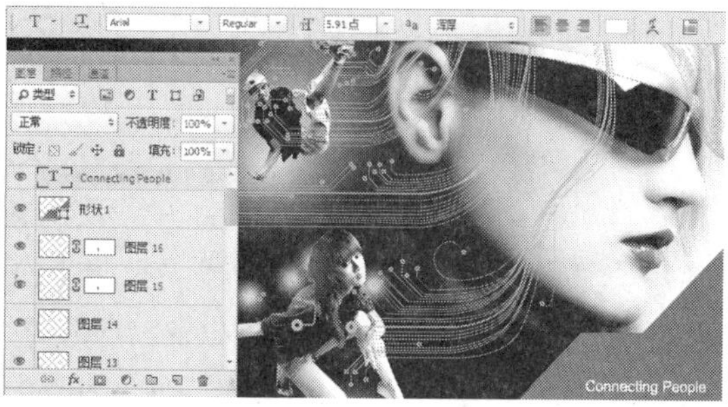

图13-172

18 使用"横排文字工具" ，设置适当的颜色、字体和字号，在画面上输入文字，得到相应的文字图层，最终效果如图13-173所示。

图13-173

13.5 实例应用：

「时尚播放器界面设计」

光盘
13/实例应用/时尚播放器界面设计.PSD

实例目标

本广告实例使用了"钢笔工具"、"画笔工具"、"渐变工具"、"文字工具"等多种工具和"载入画笔"、"羽化"、"图层样式"、"图层剪切蒙版"等多种操作命令，完成了画面的整体效果。

技术分析

本例讲述了一款播放器界面制作的过程，播放器界面的整体造型新颖时尚，其中主要采用了"形状工具"、"文字工具"、"图层蒙版"、"图层样式"等技术。

制作步骤

01 执行菜单"文件"/"新建"命令（或按【Ctrl+N】快捷键），设置弹出的"新建"命令对话框，单击"确定"按钮，即可创建一个新的空白文档，如图13-174所示。

02 选择"钢笔工具" ，在工具选项栏中单击"形状图层"按钮 ，在文件中绘制一个黄色图形，得到图层"形状1"，如图13-175所示。

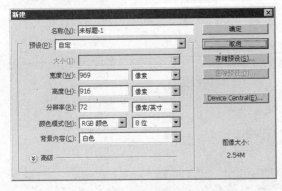

图13-174

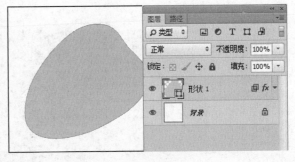

图13-175

03 选择"形状1"，单击"添加图层样式"按钮 ，在弹出的菜单中选择"投影"命令，设置弹出的"投影"命令对话框后，继续设置"内发光"、"斜面和浮雕"、"等高线"选项对话框，具体设置如图13-176所示。

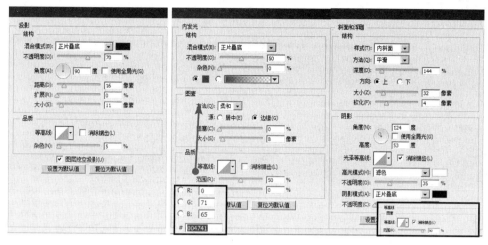

图13-176

04 在上一步图层样式设置的基础上，继续设置"颜色叠加"、"光泽"选项对话框，具体设置如图13-177所示。

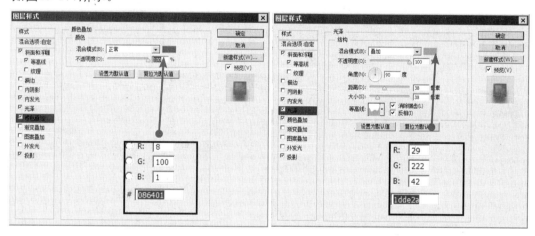

图13-177

05 设置完"图层样式"命令对话框后，单击"确定"按钮，即可得到如图13-178所示的效果。

06 按快捷键【Ctrl+J】复制"形状2"，得到"形状2副本"，将"形状2副本"的图层样式和图层蒙版删除，如图13-179所示。

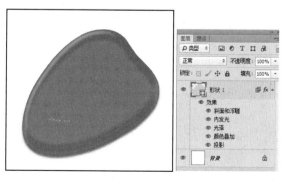

图13-178

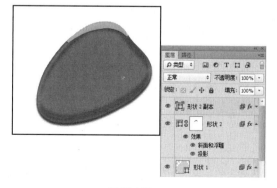

图13-179

07 选择"形状 2 副本"，单击"添加图层样式"按钮 fx，在弹出的菜单中选择"投影"命令，设置弹出的"投影"命令对话框后，继续设置"内阴影"、"内发光"选项对话框，具体设置如图13-180所示。

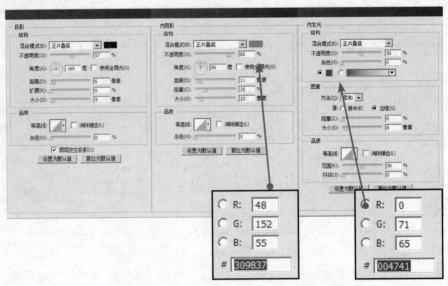

图13-180

08 在上一步图层样式设置的基础上，继续设置"斜面和浮雕"、"等高线"、"颜色叠加"、
"光泽"选项对话框，具体设置如图13-181所示。

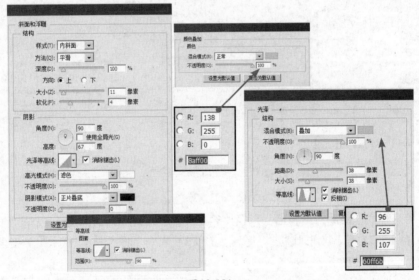

图13-181

09 设置完"图层样式"命令对话框后，单击"确定"按钮，设置"形状2副本"的图层填充值为
"85%"，即可得到如图13-182所示的效果。

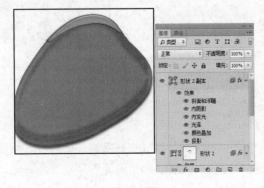

图13-182

10 使用"横排文字工具"，设置适当的字体和字号，在图像中输入文字信息，得到相应的文字图层，结合前面所述的方法继续制作播放器界面，最终效果和播放器的展开图效果如图13-183所示。

11 打开上一节制作好的文件，此时的图像效果如图13-184所示。

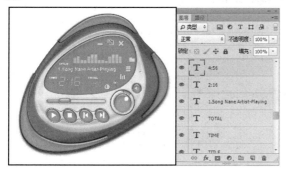
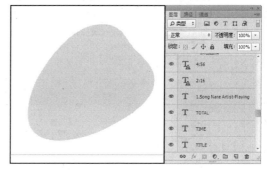

图13-183   图13-184

12 选择"钢笔工具"，在工具选项栏中单击"形状图层"按钮，在文件中绘制一个白色图形，得到图层"形状23"，如图13-185所示。

13 选择"形状23"，单击"添加图层样式"按钮，在弹出的菜单中选择"斜面和浮雕"、"等高线"、"内阴影"选项，设置参数如图13-186所示。

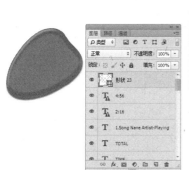

图13-185   图13-186

14 在上一步图层样式设置的基础上，继续设置"内发光"、"光泽"、"颜色添加"选项对话框，具体设置如图3-187所示。

15 选择"钢笔工具"，在工具选项栏中单击"形状图层"按钮，在文件中绘制一个绿色图形，得到图层"形状24"，如图3-188所示。

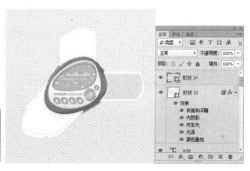

图13-187   图13-188

16 选择"形状24",单击"添加图层样式"按钮,在弹出的菜单中选择"斜面和浮雕"选项,设置参数如图13-189所示。

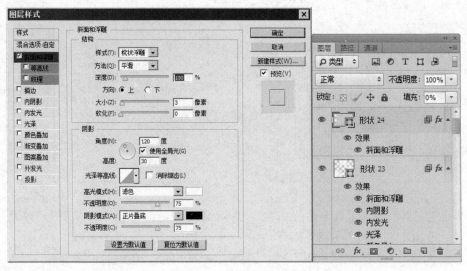

图13-189

17 选择"钢笔工具",在工具选项栏中单击"形状图层"按钮,依照以上案例在文件中绘制一个绿色图形,得到图层"形状25"、"形状26"、"形状27",如图13-190所示。

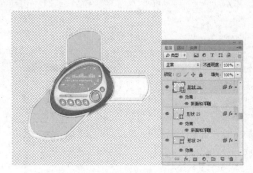

图13-190

18 选择"钢笔工具",在工具选项栏中单击"形状图层"按钮,绘制一个条形图形,得到图层"形状27"、"形状28",按快捷组合键【Alt+Ctrl+G】执行"创建剪贴蒙版"操作,效果如图13-191所示。

19 选择"钢笔工具",在工具选项栏中单击"形状图层"按钮,绘制一个条形图形,得到图层"形状30",按快捷组合键【Alt+Ctrl+G】执行"创建剪贴蒙版"操作,效果如图13-192所示。

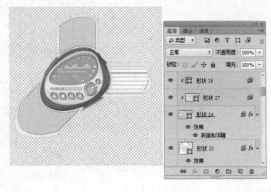

图13-191

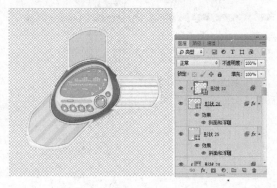

图13-192

20 选择"钢笔工具"，在工具选项栏中单击"形状图层"按钮，绘制一个条形图形，得到图层"形状31"，单击"添加图层样式"按钮，在弹出的菜单中选择"斜面和浮雕"、"描边"、"图案叠加"选项，效果如图13-193所示。

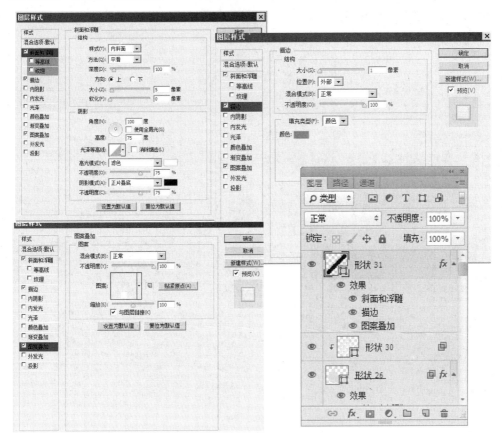

图13-193

21 打开随书素材，使用"移动工具"，拖动到第一步新建文件中，得到效果如图13-194所示。

22 使用"横排文字工具"，设置适当的文字大小、字号和颜色，得到的效果如图13-195所示。

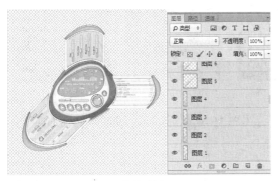

图13-194

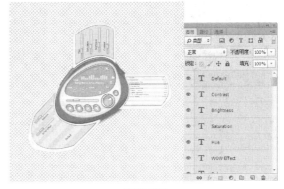

图13-195

23 选择"钢笔工具"，在工具选项栏中单击"形状图层"按钮，绘制一个条形图形，得到图层"形状34"、"形状35"、"形状2"、"形状3"、"形状4"，单击"添加图层样式"按钮，在弹出的菜单中选择"斜面和浮雕"、"描边"、"图案叠加"选项，设置和效果如图13-196所示。

24 最终效果如图13-197所示。

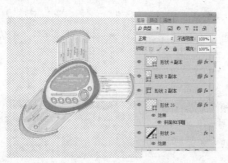

图13-196

图13-197

13.6 **实例应用：**

「古典色调的茶叶包装设计」

光盘
13/实例应用/古典色调的茶叶包装
设计.PSD

实例目标

本广告实例使用了"渐变工具"、
"文字工具"等多种工具和"图层样
式"、"图层剪切蒙版"等多种操作命
令，完成了画面的整体效果。

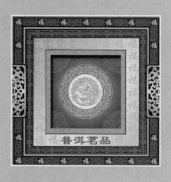

技术分析

本例讲述了古典茶叶包装的制作过程，播放器界面的整体造型新颖时尚，其中主要采用
了"形状工具"、"文字工具"、"图层蒙版"、"图层样式"等技术。

制作步骤

01 执行菜单"文件"/"新建"命令（或按快
捷键【Ctrl+N】），设置弹出的"新建"命
令对话框，单击"确定"按钮，即可创建
一个新的空白文档，如图13-198所示。

图13-198

02 设置前背景色色值为（R：131，G：84，B：48），按快捷键【Alt+Delete】填充背景图层，如图13-199所示。

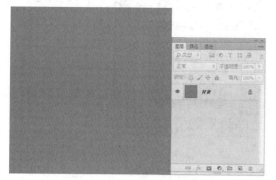

图13-199

03 新建一个图层，得到"图层1"，设置前景色为黑色，按快捷键【Alt+Delete】填充，如图13-200所示。

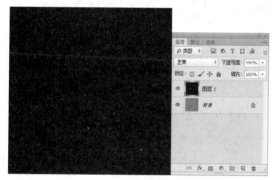

图13-200

04 新建一个图层，得到"图层2"，设置前景色色值为（R：197，G：170，B：67），选择"矩形工具"绘制一个矩形，大小如图13-201所示。

图13-201

05 选择"图层2"，并拖动至"图层"面板下方的"新建图层"按钮，复制"图层"，得到"图层2副本"，按【Ctrl】键选择"图层副本2"得到选框，设置前景色

为黑色，按快捷键【Alt+Delete】填充，效果如图13-202所示。

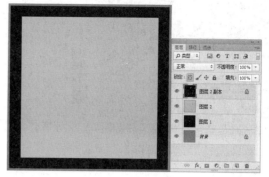

图13-202

06 新建一个图层，得到"图层1"，设置前景色为黑色，选择"矩形工具" 绘制一个矩形，大小如图13-203所示。

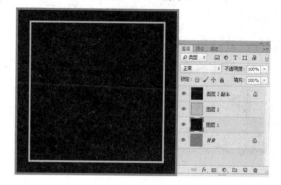

图13-203

07 打开随书光盘中的"素材2"图像文件，此时图像效果和"图层"面板如图13-204所示。

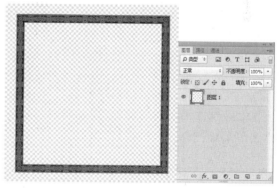

图13-204

08 使用"移动工具" ，将图像拖动到第一步新建的文件中，得到"图层3"，按快捷键【Ctrl+T】，调出自由变换控制框，变换图像到如图13-205所示位置，按【Enter】键确认操作。

图13-205

09 新建一个图层，得到"图层4"，选择"矩形
工具"绘制两个同心矩形，得到如图13-206
所示的效果。

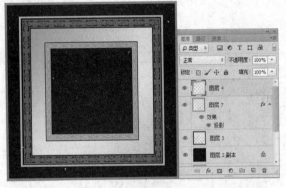

图13-206

10 打开随书光盘中的"素材3"图像文件，此时
图像效果和"图层"面板如图13-207所示。

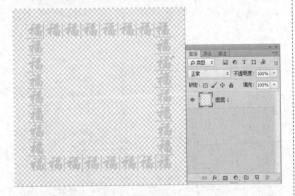

图13-207

11 使用"移动工具" ，将图像拖动到第一
步新建的文件中，得到"图层5"，按快
捷键【Ctrl+T】，调出自由变换控制框，
变换图像到如图13-208所示的位置，按
【Enter】键确认操作。

12 选择"渐变工具" ，设置"可编辑渐
变"颜色为从前景色到背景色，单击"对

称渐变"按钮，在对话框中设置渐变颜
色，效果如图13-209所示。

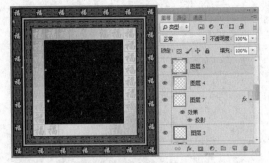

图13-208

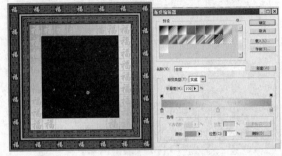

图13-209

13 打开随书光盘中的"素材4"图像文件，此时
图像效果和"图层"面板如图13-210所示。

图13-210

14 使用"移动工具" ，将图像拖动到第一
步新建的文件中，得到"图层7"，按快捷
键【Ctrl+T】，调出自由变换控制框，变换
图像到如图13-211所示位置，按【Enter】键
确认操作。

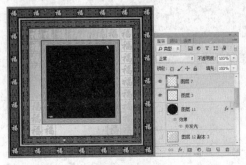

图13-211

15 打开随书光盘中的"素材5"图像文件，此时图像效果和"图层"面板如图13-212所示。

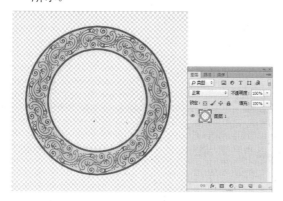

图13-212

16 使用"移动工具" ，将图像拖动到第一步新建的文件中，得到"图层8"，按快捷键【Ctrl+T】，调出自由变换控制框，变换图像到如图13-213所示位置，按【Enter】键确认操作。

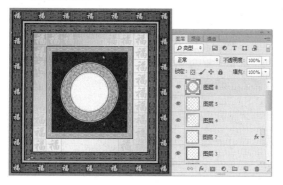

图13-213

17 新建一个图层，得到"图层9"，设置前景色为白色，选择"椭圆工具"绘制一个正圆形，得到如图13-214所示的效果。

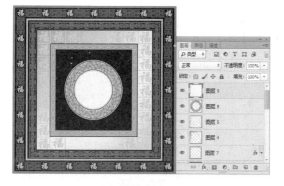

图13-214

18 打开随书光盘中的"素材6"图像文件，此时图像效果和"图层"面板如图13-215所示。

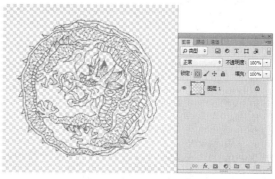

图13-215

19 使用"移动工具" ，将图像拖动到第一步新建的文件中，得到"图层10"，按快捷键【Ctrl+T】，调出自由变换控制框，变换图像到如图13-216所示位置，按【Enter】键确认操作。

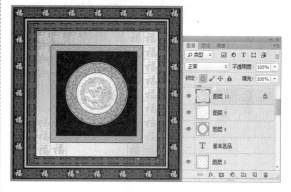

图13-216

20 新建一个图层，得到"图层11"，设置前景色为黑色，选择"椭圆工具" 绘制一个正圆形，得到如图13-217所示的效果。

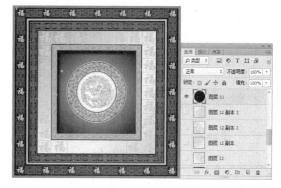

图13-217

21 单击"添加图层样式"按钮 ，在弹出的菜单中选择"外发光"命令，设置弹出的对话框参数，图层效果如图13-218所示。

22 打开随书光盘中的"素材7"图像文件，此时图像效果和"图层"面板如图13-219所示。

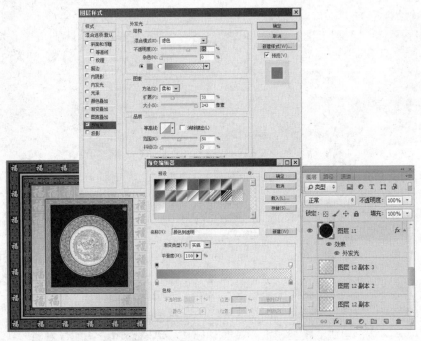

图13-218

图13-219

23 使用"移动工具" ，将图像拖动到第一步新建的文件中，得到"图层12"，按快捷键 【Ctrl+T】，调出自由变换控制框，变换图像到如图13-220所示位置，按【Enter】键确认操作。

24 选择"图层12"，并复制3次得到"图层12副本"、"图层12副本2"、"图层12副本3"，按快 捷键【Ctrl+T】，调出自由变换控制框，变换图像到如图13-221所示位置，按【Enter】键确认 操作。

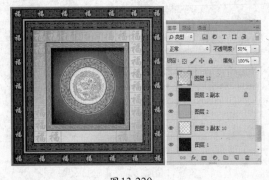

图13-220

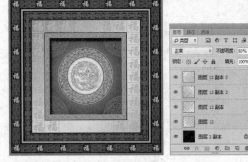

图13-221

25 打开随书光盘中的"素材8"图像文件，此时图像效果和"图层"面板如图13-222所示。

图13-222

26 使用"移动工具" ，将图像拖动到第一步新建的文件中，得到"图层13"，按快捷键【Ctrl+T】，调出自由变换控制框，变换图像到如图13-223所示位置，按【Enter】键确认操作。

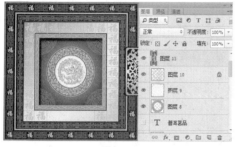

图13-223

27 选择"图层13"并复制得到"图层13副本"，按快捷键【Ctrl+T】，调出自由变换控制框，变换图像到如图13-224所示位置，按【Enter】键确认操作。

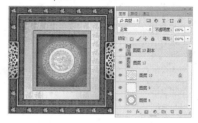

图13-224

28 选择"横排文字工具" ，设置适当的字体大小和字符，最终效果如图13-225所示。

图13-225

13.7 实例应用：

「时尚魅力网页设计」

光盘
13/实例应用/时尚魅力网页设计.PSD

实例目标

本广告实例使用了"滤镜"、"画笔工具"、"渐变工具"、"文字工具"等多种工具，和"图层样式"、"图层剪切蒙版"等多种操作命令，完成了画面的整体效果。

技术分析

本例讲述采用皮影手法制作海报的过程，海报的整体造型新颖时尚，其中主要采用了"形状工具"、"文字工具"、"图层蒙版"、"图层样式"等技术。

制作步骤

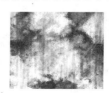

01 执行菜单"文件"/"新建"命令（或按【Ctrl+N】快捷键），设置弹出的"新建"命令对话框，单击"确定"按钮，即可创建一个新的空白文档，如图13-226所示。

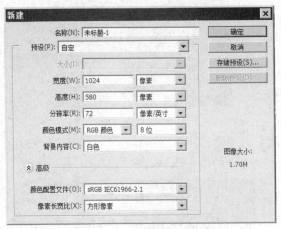

图13-226

02 新建"图层 1"，将前景色设置为黑色、背景色设置为白色，选择"滤镜"/"渲染"/"云彩"命令，按快捷键【Ctrl+F】多次重复运用"云彩"命令，得到如图13-227所示的效果。因为"云彩"是随机效果的滤镜，使用一次不一定能得到所需要的效果，所以需要多次重复运用。

图13-227

03 按快捷键【Ctrl+F】多次，重复执行"滤镜"/"渲染"/"分层云彩"命令，得到如图13-228所示的效果。

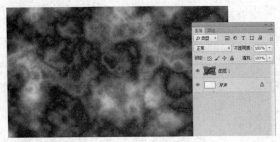

图13-228

04 选择"图层1"，按快捷键【Ctrl+I】，执行"反相"操作，将通道中黑白图像的颜色进行反相，如图13-229所示。

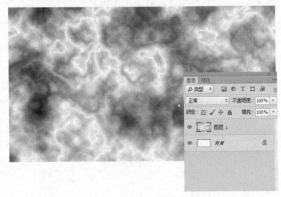

图13-229

05 单击"图层"面板下方的"创建新的填充或调整图层"按钮，在弹出的菜单中选择"色阶"命令，设置完"色阶"命令的参数后，得到图层"色阶 1"，按快捷组合键【Ctrl+Alt+G】，执行"创建剪贴蒙版"操作，此时的效果如图13-230所示。

图13-230

06 按快捷组合键【Ctrl+Shift+Alt+E】，执行"盖印"操作，得到"图层 2"，选择"滤镜"/"艺术效果"/"调色刀"命令，设置弹出对话框中的参数后，单击"确定"按钮，得到如图13-231所示的效果。

图13-231

07 选择"滤镜"/"艺术效果"/"海报边缘"命令，设置弹出对话框中的参数后，单击"确定"按钮，得到如图13-232所示的效果。

图13-232

08 选择"滤镜"/"扭曲"/"玻璃"命令，设置弹出对话框中的参数后，单击"确定"按钮，得到如图13-233所示的效果，将制作好的纹理存储为PSD格式的文件，作为置换文件。

图13-233

09 执行菜单"文件"/"新建"命令（或按【Ctrl+N】快捷键），设置弹出的"新建"命令对话框，单击"确定"按钮，即可创建一个新的空白文档，如图13-234所示。

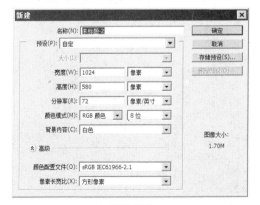

图13-234

10 设置前景色的颜色值为（R：177，G：194，B：255），按快捷键【Alt+Delete】用前景色填充背景图层，得到如图13-235所示的效果。

图13-235

11 新建"图层1"，将前景色设置为黑色，背景色设置为白色，选择"滤镜"/"渲染"/"云彩"命令，按快捷键【Ctrl+F】多次重复运用"云彩"命令，得到如图13-236所示的效果。

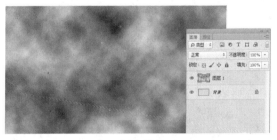

图13-236

12 选择"滤镜"/"素描"/"绘图笔"命令，设置弹出对话框中的参数后，单击"确定"按钮，得到如图13-237所示的效果。

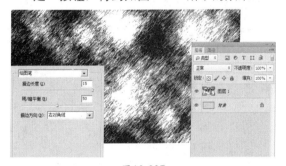

图13-237

13 选择"滤镜"/"模糊"/"高斯模糊"命令，设置弹出对话框中的参数后，单击"确定"按钮，得到如图13-238所示的效果。

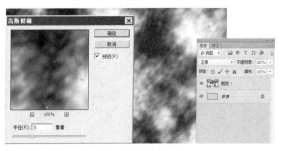

图13-238

14 选择"滤镜"/"曲线"/"置换"命令，设置弹出对话框中的参数后，单击"确定"按钮，在弹出的对话框中选择第8步保存的PSD文件，单击"打开"按钮，即可得到如图13-239所示的效果。

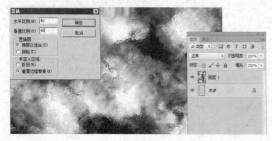

图13-239

15 选择"图像"/"旋转画布"/"90°（顺时针）"命令，按快捷键【Ctrl+F】重复运用"云彩"命令，得到如图13-240所示的效果。

图13-240

16 选择"图像"/"旋转画布"/"90°（逆时针）"命令，将画布旋转，单击"图层"面板下方的"创建新的填充或调整图层"按钮 ，在弹出的菜单中选择"曲线"命令，设置完"曲线"命令的参数后，得到图层"曲线1"，按快捷组合键【Ctrl+Alt+G】，执行"创建剪贴蒙版"操作，此时的效果如图13-241所示。

图13-241

17 新建"图层 2"，将前景色设置为白色，按快捷键【Alt+Delete】用前景色填充背景图层，将前景色设置为黑色，背景色设置为白色，选择"滤镜"/"渲染"/"纤维"命令，设置弹出对话框中的参数后，单击"确定"按钮，得到如图13-242所示的效果。

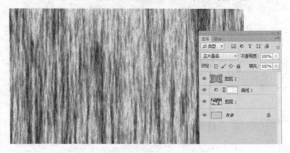

图13-242

18 选择"滤镜"/"模糊"/"高斯模糊"命令，设置弹出对话框中的参数后，单击"确定"按钮，得到如图13-243所示的效果。

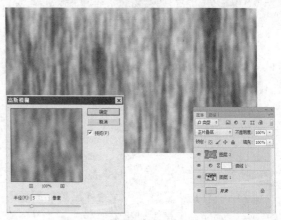

图13-243

19 选择"滤镜"/"艺术效果"/"干画笔"命令，设置弹出对话框中的参数后，单击"确定"按钮，得到如图13-244所示的效果。

图13-244

20 设置"图层 2"的图层混合模式为"正片叠底"，图层填充值为"80％"，此时的图像效果和"图层"面板如图13-245所示。

图13-245

21 新建"图层 3",将前景色设置为白色，按快捷键【Alt+Delete】用前景色填充"背景"图层，选择"滤镜"/"杂色"/"添加杂色"命令，设置弹出对话框中的参数后，单击"确定"按钮，得到如图13-246所示的效果。

图13-246

22 选择"滤镜"/"像素化"/"晶格化"命令，设置弹出对话框中的参数后，单击"确定"按钮，得到如图13-247所示的效果。

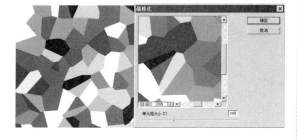

图13-247

23 单击"图层"面板下方的"创建新的填充或调整图层"按钮，在弹出的菜单中选择"照片滤镜"命令，设置弹出的对话框，如图13-248所示，单击对话框中的颜色色块，可以调出"选择滤镜颜色"对话框，设置滤镜的颜色值为（R：255，G：0，B：0）。

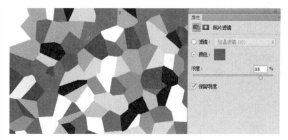

图13-248

24 设置完"照片滤镜"命令的参数后，得到图层"照片滤镜1"，按快捷组合键【Ctrl+Alt+G】，执行"创建剪贴蒙版"操作，此时的效果如图13-249所示。

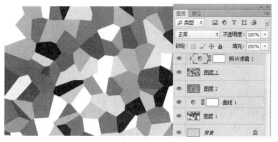

图13-249

25 按快捷组合键【Ctrl+Shift+Alt+E】，执行"盖印"操作，得到"图层 4"，然后隐藏"图层 3"、"照片滤镜 1"，此时的图像效果和"图层"面板如图13-250所示。

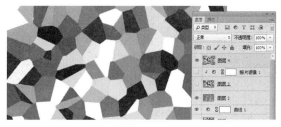

图13-250

26 选择"滤镜"/"模糊"/"动感模糊"命令，设置弹出对话框中的参数后，单击"确定"按钮，得到如图13-251所示的效果。

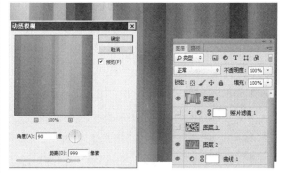

图13-251

27 选择"滤镜"/"模糊"/"高斯模糊"命令，设置弹出对话框中的参数后，单击"确定"按钮，得到如图13-252所示的效果。

图13-252

28 设置"图层4"的混合模式为"颜色减淡"，图层填充值为"85%"，此时的图像效果和"图层"面板如图13-253所示。

图13-253

29 按快捷组合键【Ctrl+Shift+Alt+E】，执行"盖印"操作，得到"图层5"，然后隐藏除"图层5"、"背景"以外的所有图层，此时的图像效果和"图层"面板如图13-254所示。

图13-254

30 打开随书光盘中的"13/网站首页设计/素材1.jpg"图像文件，此时的图像效果和"图层"面板如图13-255所示。

31 使用"移动工具"，将图像拖动到第一步新建的文件中，得到"图层6"，按快捷键【Ctrl+T】，调出自由变换控制框，变换图

像到如图13-256所示的状态，按【Enter】键确认操作。

图13-255

图13-256

32 单击"添加图层蒙版"按钮，为"图层6"添加图层蒙版，设置前景色为黑色，使用"画笔工具"，设置适当的画笔大小和透明度后，在图层蒙版中涂抹，得到如图13-257所示的效果。

图13-257

33 结合已经制作好的背景和添加的主题人物图像，通过使用"调色命令"、"形状工具"、"文字工具"等技术制作网页的整体效果，如图13-258所示。

图13-258

实例应用：

光盘
13/实例应用/怀旧色调的光盘封套
设计.PSD

「怀旧色调的光盘封套设计」

实例目标

此封面以暗黄色调为主，结合其他各种图像，体现出怀旧的感觉，反映音乐内在的风格。

技术分析

本例主要运用了"曲线"、"高斯模糊"、"色相/饱和度"等命令。

制作步骤

---

01 打开随书光盘中的"13/怀旧色调的光盘封套设计/素材1.psd"文件，图像效果和"图层"面板，如图13-259所示。

图13-259

02 单击"图层5"的图层蒙版缩览图，将前景色设置为黑色，单击"画笔工具"按钮，然后在工具栏选项栏中设置合适的参数，拖动鼠标，在汽车后视镜的位置进行涂抹，以将其隐藏，如图13-260所示。

图13-260

03 单击"图层"面板下方的"创建新的填充或调整图层"按钮，在弹出的菜单中选择"曲线"命令，然后在弹出的对话框中设置合适的参数，得到"曲线1"图层，如图13-261所示。

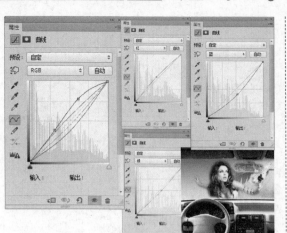

图13-261

04 设置"曲线"参数后，得到"曲线1"图层，将画面调整至暗黄的颜色，如图13-262所示。

图13-262

05 使用"矩形选框工具" ，在画面左侧绘制一个矩形，单击"图层"面板下方的"创建新图层"按钮 ，得到"图层6"，如图13-263所示。

图13-263

06 将前景色设置为黄色，按快捷键【Alt+Delete】，填充前景色，再按快捷键【Ctrl+D】取消选区，如图13-264所示。

图13-264

07 将前景色设置为黄色，按快捷键【Alt+Delete】，填充前景色，再按快捷键【Ctrl+D】取消选区，如图13-265所示。

图13-265

08 使用"矩形选框工具" ，在画面左侧绘制一个矩形选框，单击"图层"面板下方的"创建新图层"按钮 ，得到"图层7"。然后将前景色设置为黑色，填充前景色，取消选区，如图13-266所示。

图13-266

09 新建"图层8"，使用"椭圆选框工具" ，按住【Shift】键在画面中绘制一个正圆形，如图13-267所示。

图13-267

10 单击"渐变工具"按钮 ■，设置由黑色到白色的渐变，然后在其工具选项栏中单击"径向渐变"按钮 ■，在椭圆选区中由中间向两边拖动鼠标添加渐变，然后取消选区，如图13-268所示。

图13-268

11 选中"图层8"，将前景色设置为黑色、背景色设置为白色，选择"滤镜"/"素描"/"半调图案"命令，在弹出的对话框中设置合适的参数，然后单击"确定"按钮，如图13-269所示。

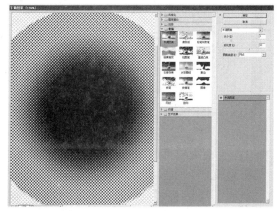

图13-269

12 选中"图层8"，单击"魔棒工具"按钮 ■，在其工具选项栏中设置合适的参数，在图像的白色部分单击，添加选区，如图13-270所示。

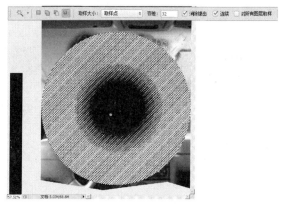

图13-270

13 选中"图层8"，按【Delete】键将选区内的图像删除，再按快捷键【Ctrl+D】取消选区，如图13-271所示。

图13-271

14 选中"图层8"，单击面板上方的"锁定透明像素"按钮 ■，将前景色设置为黄色，按快捷键【Alt+Delete】填充前景色，如图13-272所示。

图13-272

15　选中"图层8"，单击"图层"面板下方的"添加图层蒙版" 按钮，使用"渐变工具" ，设置由黑色到白色的渐变，在工具选项栏中单击"径向渐变"按钮 ，在画面中由中间向两边拖动鼠标添加径向渐变，如图13-273所示。

图13-273

16　使用"文字工具" 在画面中单击输入所需文字，在其工具选项栏中设置字体参数，得到"brb"字体图层，如图13-274所示。

图13-274

17　双击"brb"字体图层，弹出"图层样式"对话框，在该对话框中单击"描边"选项，设置合适的参数后，单击"确定"按钮，如图13-275所示。

图13-275

18　选中"brb"字体图层，将其拖动到"创建新图层"按钮 上，复制图层，得到"brb副本"图层，按快捷键【Ctrl+[】，将其向下调整一层，如图13-276所示。

图13-276

19　双击"brb 副本"字体图层，弹出"图层样式"对话框，在该对话框中单击"描边"选项，设置合适的参数，单击"确定"按钮，如图13-277所示。

图13-277

20　选中"brb"字体图层，将其拖动到"创建新图层"按钮 上，复制图层，得到"brb副本 2"图层，按快捷键【Ctrl+[】，将其向下调整两层，如图13-278所示。

图13-278

21　双击"brb副本2"字体图层，弹出"图层样式"对话框，在对话框中单击"描边"选项，设置合适的参数，单击"确定"按钮，如图13-279所示。

图13-279

22 选中"brb"字体图层，再按住【Shift】键单击"brb副本2"字体图层，同时选中"brb副本"图层，将其拖动到"创建新图层"按钮 ■ 上，复制图层，得到"brb副本3"、"brb副本4"和"brb副本5"图层，如图13-280所示。

图13-280

23 选中"brb 副本 5"图层，将前景色设置为灰色，填充前景色，再双击"brb 副本 5"图层，弹出"图层样式"对话框，在该对话框中单击"描边"选项，设置合适的参数后，单击"确定"按钮，如图13-281所示。

图13-281

24 选中"brb 副本 4"图层，将前景色设置为黄色，为图层填充前景色，再双击"brb 副本 4"图层，弹出"图层样式"对话框，

在对话框中单击"描边"选项，设置合适的参数后，单击"确定"按钮，如图13-282所示。

图13-282

25 选中"brb 副本 3"图层，将前景色设置为灰色，为图层填充前景色，再双击"brb 副本 3"图层，弹出"图层样式"对话框，在该对话框中单击"描边"选项，设置合适的参数后，单击"确定"按钮，如图13-283所示。

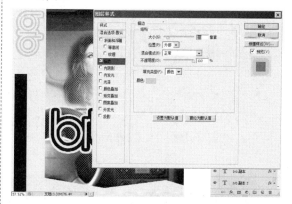

图13-283

26 使用"文字工具" T，在画面中单击输入其他所需文字，在其工具选项栏中设置合适的字体，得到其他字体图层，如图13-284所示。

图13-284

27 可以利用制作好的CD封面图像制作CD光盘效果，如图13-285所示。

图13-285

13.9 实例应用：

💿 光盘
13/实例应用/酒广告设计.PSD

「酒广告设计」

实例目标

本广告实例使用了"钢笔工具"、"画笔工具"、"渐变工具"、"文字工具"、"路径"等多种工具，和"图层样式"、"图层蒙版"等多种操作命令，完成了画面的整体效果。

技术分析

本例讲述采用钢笔工具和路径制作酒广告的过程，背景绘制中主要采用了"形状工具"、"文字工具"、"图层蒙版"、"图层样式"等技术。

制作步骤

---

01 执行菜单"文件"/"新建"命令（或按【Ctrl+N】快捷键），设置弹出的"新建"命令对话框，单击"确定"按钮，即可创建一个新的空白文档，如图13-286所示。

02 设置前景色的颜色值为黑色，按快捷键【Alt+Delete】用前景色填充，得到如图13-287所示的效果。

图13-286

图13-287

03 新建一个图层，得到"图层1"，使用"钢笔工具"绘制多边形，将选区转为工作路径，设置渐变色，填充多边形，效果如图13-288所示。

图13-288

04 打开随书素材文件"素材1"，按【Ctrl】键选择"图层1"，得到选框，按快捷键【Ctrl+I】反相选择，按【Delete】键删除不需要的部分。单击"添加图层蒙版"按钮，选择径向渐变，得到的效果如图13-289所示。

图13-289

05 选择"素材1"文件，添加"图层蒙版"，隐藏不需要的部分，得到的效果如图13-290所示。

图13-290

06 打开随书素材"素材2"，选择"移动工具"，将其拖动到第一步新建的文件

中，得到图层，按快捷键【Ctrl+T】调出自由变换工具，调整大小和位置。设置图层混合模式为"线性减淡"，效果如图13-291所示。

图13-291

07 打开随书素材"素材3"，选择"移动工具"，将其拖动到第一步新建的文件中，得到图层，按快捷键【Ctrl+T】调出自由变换工具，调整大小位置，效果如图13-292所示。

图13-292

08 打开随书素材"素材4"，选择"移动工具"，将其拖动到第一步新建的文件中，得到图层，按快捷键【Ctrl+T】调出自由变换工具，调整大小和位置。设置图层模式为"叠加"，效果如图13-293所示。

图13-293

09 打开随书素材"素材5"，选择"移动工具"，将其拖动到第一步新建的文件中，得到图层，按快捷键【Ctrl+T】调出自由变换工具，调整大小和位置，效果如图13-294所示。

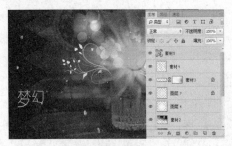

图13-294

10 打开随书素材"素材1"，选择"移动工具" ，将"图层1"拖动到第一步新建的文件中，得到"图层3"，更改透明度为"80%"，效果如图13-295所示。

图13-295

11 打开随书素材"素材1"，选择"移动工具" ，将"图层1"拖动到第一步新建的文件中，得到"图层3"、"图层5"，使酒杯看起来更有质感，效果如图13-296所示。

图13-295

12 最终效果如图13-297所示。

图13-297

13.10 实例应用：

光盘
13/实例应用/"影之美"皮影海报.PSD

「"影之美"皮影海报」

实例目标

本广告实例使用了"钢笔工具"、"画笔工具"、"渐变工具"、"文字工具"等多种工具，和"图层样式"、"图层剪切蒙版"等多种操作命令，完成了画面的整体效果。

技术分析

本例讲述采用皮影手法制作海报的过程，海报的整体造型新颖时尚，其中主要采用了"形状工具"、"文字工具"、"图层蒙版"、"图层样式"等技术。

制作步骤

01 执行菜单"文件"/"新建"命令（或按【Ctrl+N】快捷键），设置弹出的"新建"命令对话框，单击"确定"按钮，即可创建一个新的空白文档，如图13-398所示。

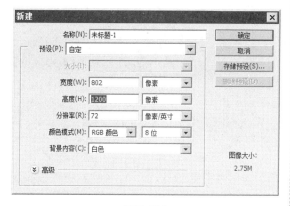

图13-398

02 设置前景色色值为（R：227，G：207，B：174），按快捷键【Alt+Delete】填充背景色，效果如图13-299所示。

图13-299

03 单击"图层"面板下方的"创建新的填充或调整图层"按钮，在弹出的菜单中选择"渐变"命令，设置弹出的对话框，得到"渐变填充1"图层，如图13-300所示。

图13-300

04 选择"渐变填充1"图层，设置图层混合模式为"叠加"，效果如图13-301所示。

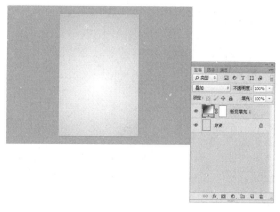

图13-301

05 打开随书素材文件"素材1"，使用"移动工具"，将图像拖动到第一步新建文件中，得到"图层1"，按快捷键【Ctrl+T】调出自由变换控制框，变换图像到如图13-302所示的状态，按【Enter】键确认操作。

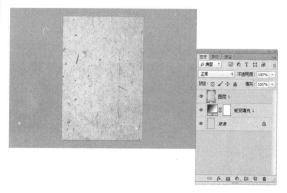

图13-302

06 选择"图层1"，设置图层混合模式为"颜色加深"，效果如图13-303所示。

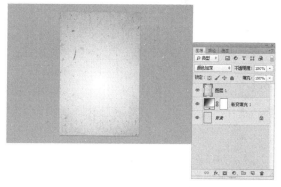

图13-303

07 打开随书素材文件"素材2"，使用"移动工具"，将图像拖动到第一步新建的文件中，得到"图层2"，按快捷键【Ctrl+T】调出自由变换控制框，变换图像到如图13-304所示的状态，按【Enter】键确认操作。

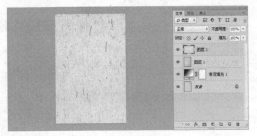

图13-304

08 选择"图层2"，设置图层混合模式为"正片叠底"，透明度为"40%"，效果如图13-305所示。

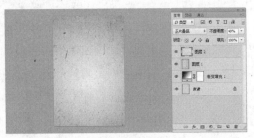

图13-305

09 打开随书素材文件"素材3"，使用"移动工具"，将图像拖动到第一步新建的文件中，得到"图层3"，按快捷键【Ctrl+T】调出自由变换控制框，变换图像到如图13-306所示的状态，按【Enter】键确认操作。

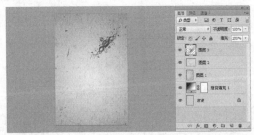

图13-306

10 选择"图层3"，设置图层混合模式为"明度"，效果如图13-307所示。

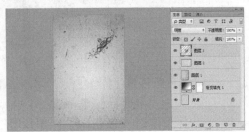

图13-307

11 选择"图层3"，拖动到"图层"面板下方的"新建图层"按钮上，复制"图层3"，得到"图层3副本"，更改颜色为红色，如图13-308所示。

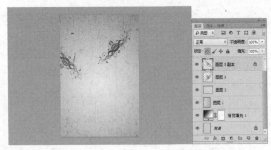

图13-308

12 选择"图层3副本"，设置图层的不透明度为"35%"，效果如图13-309所示。

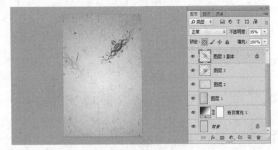

图13-309

13 选择"图层3副本"，拖动到"图层"面板下方"新建图层"按钮上，复制"图层3"，得到"图层3副本2"，更改颜色为绿色，如图13-310所示。

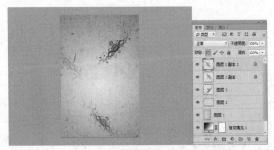

图13-310

14 单击"图层"面板下方的"创建新的填充或调整图层"按钮，在弹出的菜单中选择"曲线"命令，设置弹出的对话框，得到"曲线1"图层，如图13-311所示。

15 使用"横排文字工具"，设置适当的字体大小、字号和颜色，按快捷键【Ctrl+T】变换图像位置，添加蒙版，使用"画笔工具"隐藏不需要的部分，如图13-312所示。

图13-311

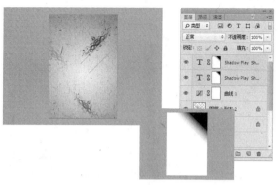

图13-312

16 使用"形状工具"绘制多边形，按快捷键【Ctrl+T】调出自由变换控制框，变换图像到如图13-313所示的状态，按【Enter】键确认。

17 使用"形状工具"绘制多边形，得到"形状2"、"形状3"，按快捷键【Ctrl+T】调出自由变换控制框，变换图像到如图13-314所示的状态，按【Enter】键确认。

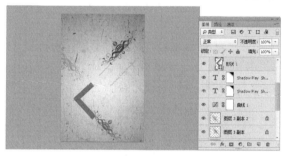

图13-313

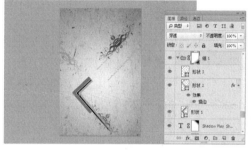

图13-314

18 使用"形状工具"绘制多边形，得到"形状4"，按快捷键【Ctrl+T】调出自由变换控制框，变换图像到如图13-315所示的状态，按【Enter】键确认。

19 单击"添加图层样式"按钮 *fx*，在弹出的菜单中选择"描边"命令，设置弹出的对话框，单击"确定"按钮，如图13-316所示。

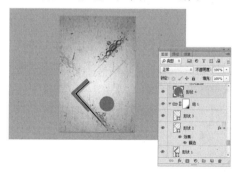

图13-315

图13-316

20 使用"形状工具"绘制多边形，得到"形状5"，按快捷键【Ctrl+T】调出自由变换控制框，变换图像到如图13-317所示的状态，按【Enter】键确认。

21 单击"添加图层样式"按钮 *fx*，在弹出的菜单中选择"描边"命令，设置弹出的对话框，单击"确定"按钮，如图13-318所示。

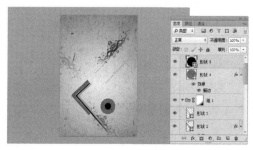

图13-317

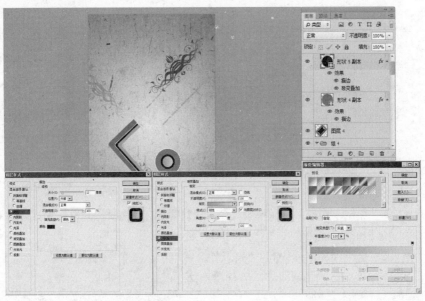

图13-318

22 将"形状4"、"形状5"图层添加到"组2"中，设置"组2"的图层模式为"穿透"。复制"组2"，得到"组2副本"，按快捷键【Ctrl+T】调出自由变换控制框，变换图像到如图13-319所示的状态，按【Enter】键确认操作。

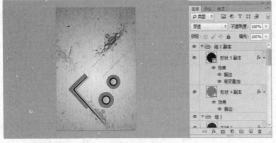

图13-319

23 在"组2"中新建图层，得到"图层4"，使用"形状工具"绘制矩形，效果如图13-320所示。

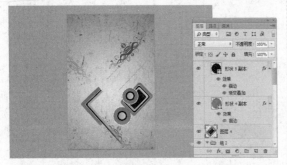

图13-320

24 使用"形状工具"绘制多边形，得到"形状

6"，按快捷键【Ctrl+T】调出自由变换控制框，变换图像到如图13-321所示的状态，按【Enter】键确认。

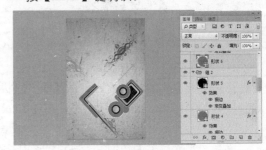

图13-321

25 使用"形状工具"绘制多边形，得到"形状7"，按快捷键【Ctrl+T】调出自由变换控制框，变换图像到如图13-322所示的状态，按【Enter】键确认。

图13-322

26 选择"形状7"图层，单击"添加图层样式"按钮 *fx*，在弹出的菜单中选择"描边"命令，设置弹出的对话框，单击"确定"按钮，如图13-323所示。

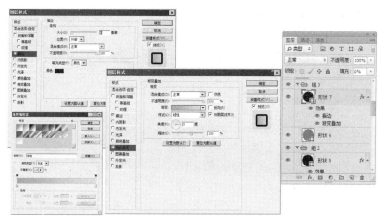

图13-323

27 将"形状6"、"形状7"图层添加到"组 3"中,设置"组3"的图层模式为"穿透",效果如图13-324所示。

图13-324

28 使用"形状工具"绘制多边形,得到"形状 8",按快捷键【Ctrl+T】调出自由变换控制框,变换图像到如图13-325所示的状态,按【Enter】键确认。

图13-325

29 选择"形状8",拖动到"图层"面板下方的"新建图层"按钮,复制"形状8",得到"形状8副本",更改颜色为黑色。如图13-326所示。

30 选择"形状8副本",单击"添加图层样式"按钮 *fx*,在弹出的菜单中选择"描边"命令,设置弹出的对话框,单击"确定"按钮,如图13-327所示。

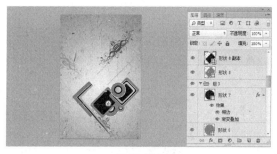

图13-326

图13-327

31 选择"形状8副本",拖动到"图层"面板下方的"新建图层"按钮,复制"形状8副本",得到"形状8副本2",如图13-328所示。

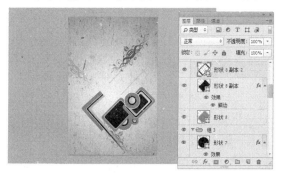

图13-328

32 选择"形状8副本2",单击"添加图层样式"按钮 *fx*,在弹出的菜单中选择"描边"命令,设置弹出的对话框,单击"确定"按钮,如图13-329所示。

33 将"形状8"、"形状8副本"、"形状8副本2"图层添加到"组4"中,设置"组4"的图层模式为"穿透",效果如图13-330所示。

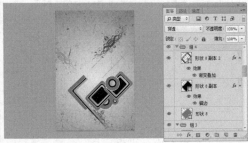

图13-329   图13-330

34 新建图层,得到"图层5",绘制圆形图案,如图13-331所示。

35 使用"形状工具"绘制多边形,得到"形状11",按快捷键【Ctrl+T】调出自由变换控制框,变换图像到如图13-332所示的状态,按【Enter】键确认。

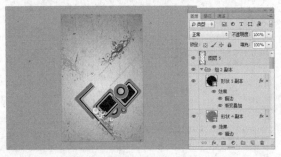

图13-331   图13-332

36 单击"添加图层样式"按钮 *fx*,在弹出的菜单中选择"描边"命令,设置弹出的对话框,单击"确定"按钮,如图13-333所示。

37 使用"形状工具"绘制多边形,得到"形状12",按快捷键【Ctrl+T】调出自由变换控制框,变换图像到如图13-334所示的状态,按【Enter】键确认。

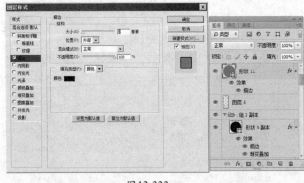

图13-333   图13-334

38 打开随书素材文件"素材4",使用"移动工具" ,将图像拖动到第一步新建的文件中,得到"图层6",按快捷键【Ctrl+T】调出自由变换控制框,变换图像到如图13-335所示的状态,按【Enter】键确认操作。

39 使用"形状工具"绘制多边形,得到"形状13",按快捷键【Ctrl+T】调出自由变换控制框,变换图像到如图13-336所示的状态,按【Enter】键确认。

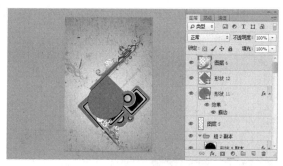

图13-335

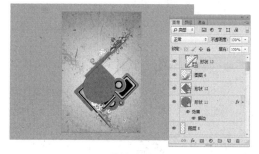

图13-336

40 使用"形状工具"绘制多边形，得到"形状14"，按快捷键【Ctrl+T】调出自由变换控制框，变换图像到如图13-337所示的状态，按【Enter】键确认。

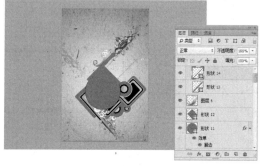

图13-337

41 使用"形状工具"绘制多边形，得到"形状15"，按快捷键【Ctrl+T】调出自由变换控制框，变换图像到如图13-338所示的状态，按【Enter】键确认。

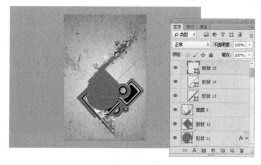

图13-338

42 使用"形状工具"绘制多边形，得到"形状16"，按快捷键【Ctrl+T】调出自由变换控制框，变换图像到如图13-339所示的状态，按【Enter】键确认。单击"添加蒙版"按钮，使用"画笔工具"进行涂抹。

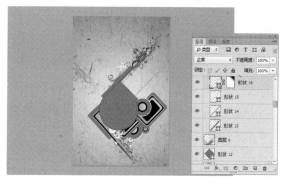

图13-339

43 使用"形状工具"绘制多边形，得到"形状17"，按快捷键【Ctrl+T】调出自由变换控制框，变换图像到如图13-340所示的状态，按【Enter】键确认。

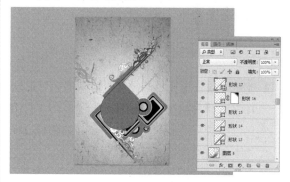

图13-340

44 单击"添加蒙版"按钮，使用"画笔工具"进行涂抹，效果如图13-341所示。

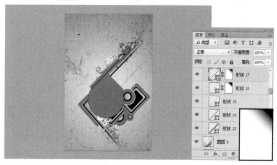

图13-341

45 单击"添加图层样式"按钮，在弹出的菜单中选择"渐变"命令，设置弹出的对话框，单击"确定"按钮，如图13-342所示。

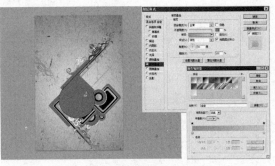

图13-342

46 使用"形状工具"绘制多边形，得到"形状18"，按快捷键【Ctrl+T】调出自由变换控制框，变换图像到如图所示的状态，按【Enter】键确认。单击"添加蒙版"按钮，使用"画笔工具"进行涂抹，效果如图13-343所示。

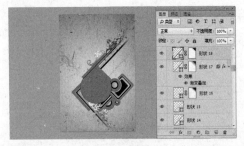

图13-343

47 使用"形状工具"绘制多边形，得到"形状19"、"形状20"，按快捷键【Ctrl+T】调出自由变换控制框，变换图像到如图13-344所示的状态，按【Enter】键确认。

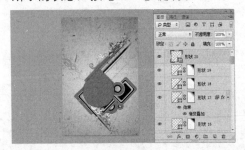

图13-344

48 使用"形状工具"绘制多边形，得到"形状21"，按快捷键【Ctrl+T】调出自由变换控制框，变换图像到如图所示的状态，按【Enter】键确认。单击"添加蒙版"按钮，使用"画笔工具"进行涂抹，效果如图13-345所示。

49 使用"形状工具"绘制多边形，得到"形状22"，按快捷键【Ctrl+T】调出自由变换控

制框，变换图像到如图13-346所示的状态，按【Enter】键确认。

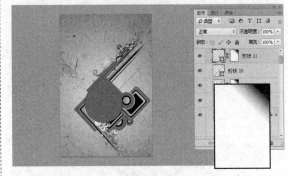

图13-345

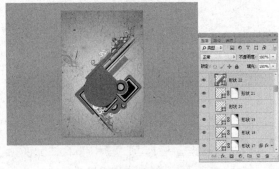

图13-346

50 单击"添加图层样式"按钮 *fx*，在弹出的菜单中选择"渐变"命令，设置弹出的对话框，单击"确定"按钮，如图13-347所示。

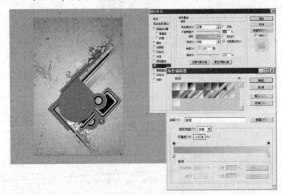

图13-347

51 使用"形状工具"绘制多边形，得到"形状23"、"形状24"、"形状25"，按快捷键【Ctrl+T】调出自由变换控制框，变换图像到如图13-348所示的状态，按【Enter】键确认。

52 使用"形状工具"绘制多边形，得到"形状26"，按快捷键【Ctrl+T】调出自由变换控制框，变换图像到如图13-349所示的状态，按【Enter】键确认。

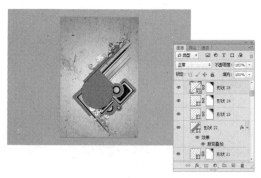

图13-348

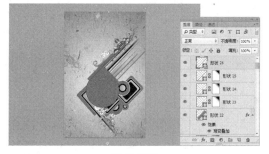

图13-349

53 单击"添加图层样式"按钮 **fx**，在弹出的菜单中选择"渐变"命令，设置弹出的对话框，单击"确定"按钮，如图13-350所示。

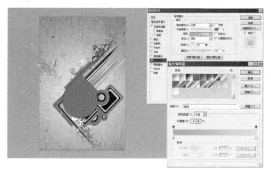

图13-350

54 使用"形状工具"绘制多边形，得到"形状27"、"形状28"，按快捷键【Ctrl+T】调出自由变换控制框，变换图像到如图13-351所示的状态，按【Enter】键确认。

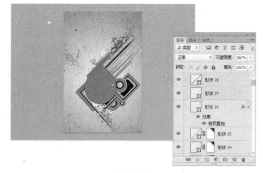

图13-351

55 将"形状13"至"形状28"图层添加到"组5"中，设置"组5"的图层模式为"穿透"，效果如图13-352所示。

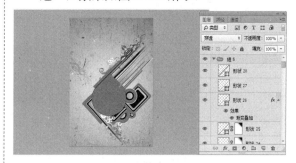

图13-352

56 使用"形状工具"绘制多边形，得到"形状29"，按快捷键【Ctrl+T】调出自由变换控制框，变换图像到如图13-353所示的状态，按【Enter】键确认。

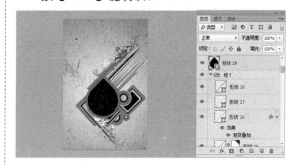

图13-353

57 单击"添加图层样式"按钮 **fx**，在弹出的菜单中选择"渐变"命令，设置弹出的对话框，单击"确定"按钮，如图13-354所示。

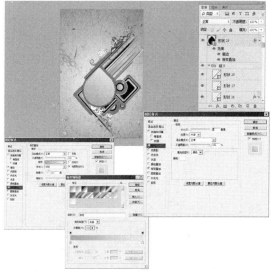

图13-354

58 使用"形状工具"绘制多边形,得到"形状30",按快捷键【Ctrl+T】调出自由变换控制框,变换图像到如图13-355所示的状态,按【Enter】键确认。

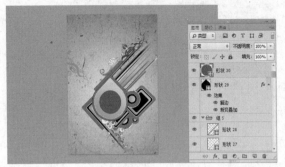

图13-355

59 单击"添加图层样式"按钮 *fx*,在弹出的菜单中选择"渐变"命令,设置弹出的对话框,单击"确定"按钮,如图13-356所示。

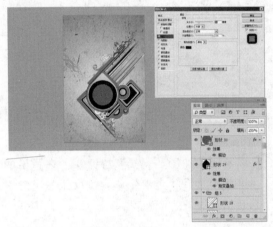

图13-356

60 复制"图层8副本2",得到"图层8副本3",按快捷键【Ctrl+T】调出自由变换控制框,变换图像到如图13-357所示的状态,按【Enter】键确认。

图13-357

61 使用"形状工具"绘制多边形,得到"形状31",按快捷键【Ctrl+T】调出自由变换控制框,变换图像到如图13-358所示的状态,按【Enter】键确认。

图13-358

62 使用"形状工具"绘制多边形,得到"形状32",按快捷键【Ctrl+T】调出自由变换控制框,变换图像到如图13-359所示的状态,按【Enter】键确认。

图13-359

63 单击"添加图层样式"按钮 *fx*,在弹出的菜单中选择"描边"命令,设置弹出的对话框,单击"确定"按钮,如图13-360所示。

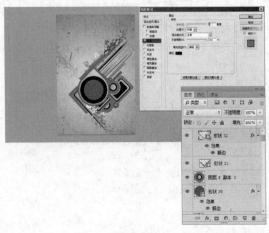

图13-360

64 将"形状31"、"形状32"图层，添加到"组6"中，设置"组6"的图层模式为"穿透"，效果如图13-361所示。

65 使用"形状工具"绘制多边形，得到"形状47"，按快捷键【Ctrl+T】调出自由变换控制框，变换图像到如图13-362所示的状态，按【Enter】键确认。

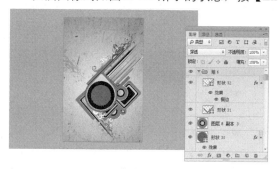

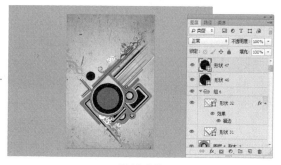

图13-361

图13-362

66 单击"添加图层样式"按钮 *fx*，在弹出的菜单中选择"渐变"、"描边"命令，设置弹出的对话框，单击"确定"按钮，如图13-363所示。

67 使用"形状工具"绘制多边形，得到"形状36"至"形状38"，按快捷键【Ctrl+T】调出自由变换控制框，变换图像到如图13-364所示的状态，按【Enter】键确认，使用"蒙版工具"隐藏不需要的部分。

图13-363

图13-364

68 选中"图层8"、"图层8副本"、"图层8副本2"图层，按快捷组合键【Alt+Ctrl+G】执行"创建剪贴蒙版"命令，如图13-365所示。

69 使用"形状工具"绘制多边形，得到"形状44"、"形状45"，按快捷键【Ctrl+T】调出自由变换控制框，变换图像到如图13-366所示的状态，按【Enter】键确认。

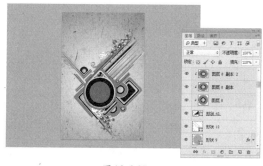

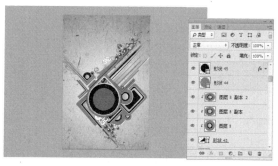

图13-365

图13-366

70 单击"添加图层样式"按钮 *fx*，在弹出的菜单中选择"渐变"、"描边"命令，设置弹出的对话框，单击"确定"按钮，如图13-367所示。

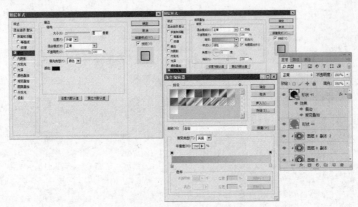

图13-367

71 使用"形状工具"绘制多边形，得到"形状48"，按快捷键【Ctrl+T】调出自由变换控制框，变换图像到如图所示的状态，按【Enter】键确认。单击"添加图层样式"按钮，在弹出的菜单中选择"描边"命令，设置弹出的对话框，单击"确定"按钮，如图13-368所示。

72 导入其他的素材文件，按快捷键【Ctrl+T】调出自由变换控制框，变换图像到如图所示的状态，按【Enter】键确认，最终效果如图13-369所示。

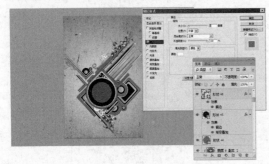

图13-368

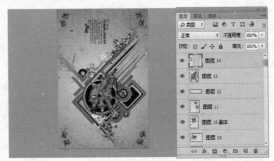

图13-369